未来探索者眼中的哥德尔、爱因斯坦和人类认知地图（马维茵，8岁）

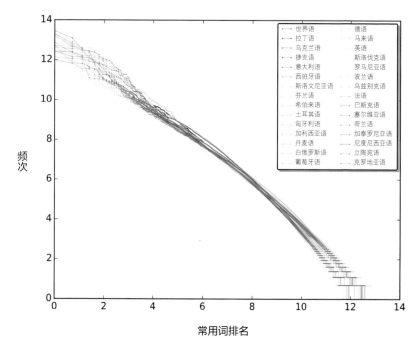

1-1

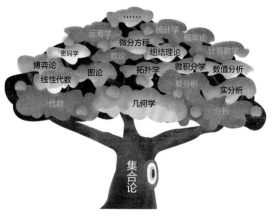

3-9

8-2

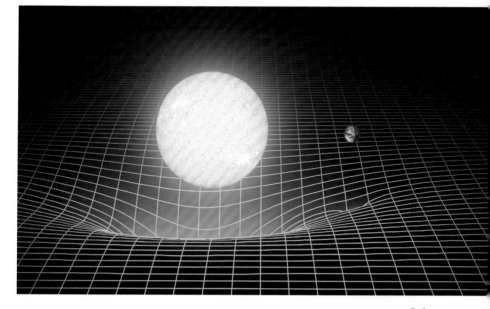

8-4

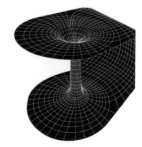

8-5

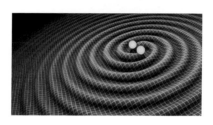

8-6

图10-1 数学、物理及其他学科以实验为界分割开来

图10-2 人类世界观和认知习惯的改变

10-1

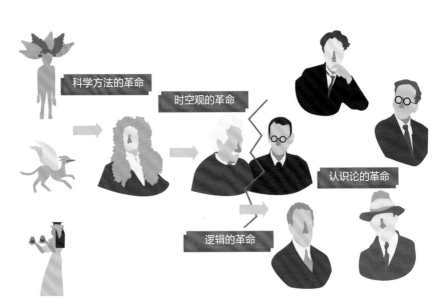

10-2

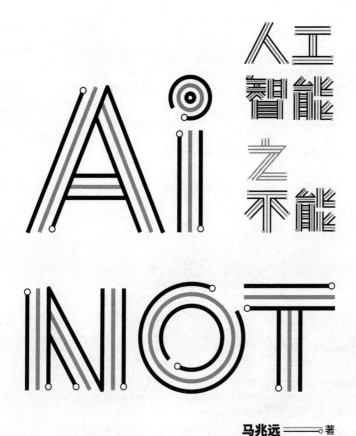

人工智能之不能

Ai NOT

马兆远 著

中信出版集团|北京

图书在版编目（CIP）数据

人工智能之不能 / 马兆远著. -- 北京：中信出版
社, 2020.3 （2022.5重印）

ISBN 978-7-5217-1379-4

Ⅰ.①人… Ⅱ.①马… Ⅲ.①人工智能－普及读物
Ⅳ.① TP18-49

中国版本图书馆 CIP 数据核字 (2020) 第 021569 号

人工智能之不能

著　者：马兆远
出版发行：中信出版集团股份有限公司
　　　　　（北京市朝阳区惠新东街甲 4 号富盛大厦 2 座　邮编　100029）
承 印 者：北京盛通印刷股份有限公司

开　本：880mm×1230mm　1/32　　印　张：12.75　　字　数：216 千字
版　次：2020 年 3 月第 1 版　　　印　次：2022 年 5 月第 3 次印刷
书　号：ISBN 978-7-5217-1379-4
定　价：58.00 元

目 录

前　言

回归常识的科学

我们急于求成地把科学当作了魔法，总希望找到窍门而毕其功于一役，一蹴而就地解决所有问题。可惜现实并非如此，每一寸进步都是日拱一卒的努力和各种不确定的叠加，我们只是日复一日、见招拆招地解决具体的一个又一个问题。对于科学本身也一样，我们希望找到一个通用的工具和方法，利用这样的方法让自然世界的规律自动地呈现出来，这样人类就可以坐享其成。但这样的方法存在着潜在的危险：如果"它"可以替我们自动地发现世界的规律的话，那么"它"便可以替代我们。不幸的是，但也可以说是一种幸运，我们会发现，劳您大驾，"您"还得在。就目前而言，我们恐怕比较容易实现的是探寻一个能告诉我们"为什么世界是我们现在的样子"的工具。倘若有与我们平行的地外文明，这个工具也许能回答"他们为什么没有比我们强大更多"这一问题。当然我们可以有这样那样的猜想，但这些猜想不会带给我们任何的进步，因为多少年来我们的先祖都是这么做的。没法儿验证的想法事实上是没有什么价值的，你可以这样想，也可以那样想。现代科学发展的重要性在于我们终于可以用朴实的办法来验证哪些想法是可靠的，哪些想法是正确的，哪些想法是错误的，并且基于这些想法可以延伸出新的想法，从而一步一步搭建稳定的知识体系。

对于胡适研究《水经注》，有人批评说他做偏门学问是因为要走成为大师的捷径。这样说就把胡适看小了，在我看来，胡适是要拿《水经注》为题，做一个用现代研究方法做学问的样板。这本书里讲的哥德尔，也正是这样的一个例子。从两千年前古希腊的亚里士多德建立系统的理性工具开始，人们就已经发现了理性逻辑里的问题，所谓的"说谎者悖论"和"这句话是错的"这样的陈述会让逻辑陷入模棱两不可的境地。但直到两千年后，才有人站出来用严谨的理性工具证明这个悖论事实上指向了人类理性的灾难。这个人便是哥德尔。从他的工作开始，我们开始意识到用理性工具认识世界带给我们的局限。而正是从他的工作开始，我们也意识到问题比想象中的更严重。

糟糕的是，我们这个历史悠久的文明对现代科学的认知有断层。

第一个断层在于"名教"与经典科学的断层。今天我们虽然发现经典科学有这样那样的问题及尚未解释的现象，但至少它有敢于面对问题的态度，它小心翼翼地用于系统求证的方法是可靠的。然而我们这个古老的文明总会有种近似于神秘色彩的了解知识的态度。胡适在《名教》一文中延续了冯友兰的说法："名"即是文字，写的字。"名教"便是崇拜文字的宗教，它相信我们写下的文字像符箓一样有神魔之力。在很长一段时间内，我们做学问求知识便是如此，像巫师一样地创造新名词，念咒一样地理解新知识，而听众往往这样就满意了，囫囵地拿去自己接着演绎。这样的方法和态度对现代科学的传播毫无益处，甚至打着科学的名义行反科学之实。降维打击、混沌大学、奇点理论、未来简史和所谓人类 3.0 莫不如此，这些名词能够有广泛受众，莫不与"名教"和现代科学的断层有关，是这个文明还没有进入现代的实证。钱钟书的《围城》中对这种怪象有个经典的总结：喝着咖啡聊梅毒。

在胡适这一代人为这个文明的现代化艰难努力的同时，人类对世界的科学认知已经渡过了第二个断层。20 世纪初，在人们以为物理和数学都在凯歌高奏走向认识宇宙和人类自身的终极胜利的时候，量子力学和哥德尔不完备定理几乎在同一时间告诉我们人类认知的有限：要认识宇宙和人类自己，前面的路还很长很长，甚至可能根本没有终点。这也许同时在告诉我们，为什么感性的认知总是存在的，为什么人类把认知统一到同一标准下的努力至今都还没成功，以及为什么这几千年来人们对真理的追求似乎总差那么一点点，而每次又正是这一点点把我们引向一个完全的新世界。这也解释了为什么 20 世纪初美国教育家、哲学家杜威（John Dewey）和胡适所主张的务实主义具有合理性。但敌人的敌人未必是你的朋友，虽然新的理论解释了经典认知的不足，但它绝不是肯定古代神学和"名教"存在的意义，它是一个完全不同的新世界。

人工智能是这里的一个例子。事实上非要回溯历史的话，竟然是人类先发现了它做不了的事，而后才发明了它。图灵 1936 年的那篇著名的论文是对哥德尔不完备定理的诠释，他提出了一个更加简明而物理上可以实现的机械设备来完成数学的逻辑推演，并在文中指出了哪些问题是图灵机做不了的，以此来拓展哥德尔的不完备定理证明。但图灵机是如此的强大和成功，那些"它做不了的事情"很快就被淹没在故纸堆里，那里，正埋着我们对付探求人工智能的不能的钥匙。

哥德尔的被遗忘，是现代科研游戏规则的直接后果。一个不申请经费、没有徒子徒孙的学问，如何能影响深远、众人周知呢？在今天的科研环境下，绝无可能啊！而不用申请经费也不用带学生正是普林斯顿高等研究院对第一批研究员的放纵。作为这些人中的两个典型代表，爱因斯坦和哥德尔是天真地相信了。在全球最近几十年以论文发表量来衡量学术工作是否有价值，学者是否有地位的评价体系下，即使哥德尔这样一个开辟了一个领域的大神，他的思想也是无法存活和传播的。他和他的好友爱因斯坦，像堂吉诃德一般成为科学殿堂里最后的骑士了。

于是我觉得我应该写一些文字，向这些人类历史上的伟大思考者致敬。尽管我自己对这门学问的认知还有很多的不成熟之处，但至少我希望它可以安抚我们面对未来的焦虑之心。当能够回溯认知的常识时，我们会发现竟然可以有更加平和的理解世界的态度。学问之道无他，求其放心而已矣。

燕园、清华园和伊河边上的小城牛津，我在象牙塔里进进出出，结识了很多好玩的人。光说姓李的，就有给我机会初试科研的李政道先生，有塑造我务实主义信条的李敖先生，有让我感受到音乐创造魅力的大哥李宗盛。跟越多的人交往，我越感觉到人类的可爱和伟大，这么好的世界，我们怎么忍心交给机器呢？

第一章

知无不言

　　人工智能不能做什么？如果一本书在第一章就说明白了答案，就不好卖了。既然有整本书去写，就不妨慢慢来，至少要说明我们使用怎样的工具，才能得出怎样的结论。当我们这样做的时候，我们发现，这工具似乎并不能当作一个可靠的工具，于是只好继续讨论什么是可靠性。这至少还会让我们理清楚什么是有效的思维工具，即，理性。

我所追求的全部知识，

都更充分地证明我的无知是无限的。

——卡尔·波普（Karl Popper）

2018 年 3 月 20 日下午，我在台北街头的一家咖啡馆写下了这样的文字：

最近很少写字，因为写字变成一件困难的事情。哥德尔告诉你这也不能写，那也不能写，在写任何字之前都不免要思考一下这话是不是严谨。所以人会被自己学习的东西所害，所影响，定义了"定义"自己，那么谁来影响"影响"呢？

雨后初晴，透过小店的窗户能看到傍晚的阳光洒在街边的小树上，也被骑电动车的骑手的头盔反射过来。骑楼的柱子后面应该有人在抽烟，虽然看不到人，但可以看到那个高度从骑楼柱子后面飘出来的白色的烟。我不得不加速喝完一杯味道还不错的淡淡的奶茶。不得不说味道真不错，但师弟要过来，他不太喜欢这家店，因为先生不喜欢。

阳光又倾斜了五度。师弟还没有来，奶茶已经下了一半，但还有厚厚的泡沫其实看不出来准确地要多少口才喝得完。点了一份千层蛋糕，味道很清淡，肉桂粉在盛蛋糕的碟子里撒出来某种符号的样子。师弟说先生不喜欢这家店，是因为这是一家西藏店。我又看那图案，还真是。

旁边两个女孩在喝着咖啡和果汁，聊着八卦。似乎是关于人怎么扮成上流社会的费劲和囧，然后是女婿和岳母之间的微妙关系。

吧台后面四个店员在忙碌着。虽然店里真的没有什么人，总共四个顾客，包括在打字的不知道什么时候要离开的我。但他们似乎真的很忙，都有事做。一辆白色的车在路边停着，双闪着灯。哦，不，两辆。我在尽量描述我眼前看到的事物，才发现其实少了时间这个尺度。有车辆从窗外经过，店员走过来轻声说，"帮您加个水"。

一辆自行车是诡异的绿色。

阳光又倾斜了几度。店面已经打开了霓虹灯，但不是五颜六色的那种，是明亮的黄绿色，另外一家是深的蓝色。

哥德尔说我永远也没法描述完整我在此刻的所有感受，虽然我努力地尝试记录。

这是一条先生每天散步的路。在路边的一家咖啡店，我喝着一杯味道淡淡的奶茶，写着描述不了什么东西的字，而两天前他不在了。

作为人类，我们使用着各种工具。也因为日常使用这些工具，我们对工具本身的可靠性或者可靠到什么程度往往忽略不计。例如，我们可以花点时间了解一下人们每天使用的语言。

人类的语言是神奇的。你可以通过语法来理解字面的意思，通过说话人的态度来了解他们的内心所想。人们可以使用同样的文字来表达不同的内涵，有时候人们的沟通并不需要纠结于文字本身，面对面的交流充斥了各种各样的信息。语气、音调的抑扬顿挫、眼神、味道和背景音乐，这些游走着的不能被词语编码和记载的信息，同样传达着人们在交流时的内涵和情绪。

但我们一样用这些丢失了很多含义的、残缺的语言，在进行着对我们人类来说最至关重要的行为——沟通。当然，因为残缺有时会带来这样那样的误解，于是我们希望创造和定义一个没有歧义的语言系统。在这样的语言系统之上，我们可以更客观准确地交流。事实上，这本书将告诉我们这样的事情不可能做到。用天生不完美的工具人类依然能够彼此沟通是个逻辑的奇迹。我们可能最终能够依赖的是通过（奇迹般的）沟通而达成的信任，人和人之间可以原谅彼此，甚至因为理解沟通的缺陷而有了温情。这样的温情，你从机器那里无法获得，从法律条文中无法获得，从你的敌人那里也无法获得。但当我写到最后一句的时候，我觉得未必，你的敌人也是人群中的一部分。对手之间的惺惺相惜，往往成就历史佳话。但人类并不死心，我们试图用更多的数据来还原这些场景，来补充文字所不能描述的，比如通过录音来还原说话者当时的语气，通过影像资料来还原说话者的表情和手势。

语言是可以理解的吗？

大多数的人类语言会通过声音传达出来，组成语言的词汇表现为声音的频率和强度的组合。语言中会有一些词汇出现的频次高于别的词汇的频次，即使不了解这种语言，对特定的音频和强度组合出现的频率进行统计，我们都可以判定它是不是一个有意义的语言系统。比如在中文中"的"字发音出现的频率就很高，其他字会相对较少。当一种语言有充分表达能力的时候，它常用词汇的使用频率是递减的。不会孤立地出现某一个频率的音频和强度非常高，而其他又很低的情况。这样，单单通过对词汇出现的频率统计，我们就可以判断一系列的声音信号是不是代表着有意义的语言。这个原理，我们称为齐普夫定律（Zipf's law），近些年动物学家把这个定律用于研究海豚的语言。

最早的动物语言研究在于试图了解动物间如何相互交流，人们尝试教给动物人类的语言，看它们是否可以与我们交流。这样做的问题在于这个过程中人类很难学到动物语言。牧羊犬可以学习超过 1000 个人类单词，但人们能从狗身上学到多少狗的单词呢？到目前为止，人类总是试图通过教动物如何与人交谈来理解动物语言。然而教动物使用人类语言有明显的困难，想想我们学一门外语有多难，何况跨物种之间的交流呢？

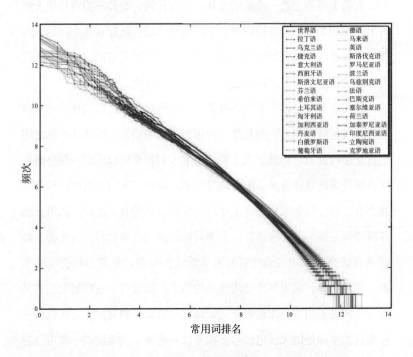

图 1-1 齐普夫定律

今天人类的语言是从七万年前一族走出非洲的智人那里继承下来的。对比他们同期的人类，这一族人有着发达的声音语言系统。这种系统的基础是口腔、舌头和喉部的独特生理结构。这样的生理结构甚至连我们的近亲猩猩都没有，更别说其他动物了，它们根本没有能力发出人类复杂多变的语音。在研究用对方的语言与动物交流的过程中，人类不得不创造一些辅助工具，因为任何一端都不能直接用天然的生理结构来复制对方的声音。学习海豚的语言就存在这个问题，海豚叫声的超高音和鲸的超低音都超出了人类的听觉范围。海豚不能说出人类的任何语言，而我们也不会吹超声波口哨。

利用齐普夫定律，人们在搜集了大量海豚叫声之后发现这些叫声确实在传递特定信息，而且是一种相当丰富的语言，能够让海豚之间进行复杂的交流，借助于人工智能技术人们甚至可以确定一部分海豚叫声所代表的具体含义。配合适当的演奏设备，人们甚至可以模仿这些声音，这使科学家和海洋生物之间实现信息的双向流动。如果真的可以理解足够多的海豚语言，人类对动物研究的现状将大大改善。海豚语言研究的成功可能使研究人员设计出与其他智慧生物交流的工具。不难想象，未来甚至会出现动物语言翻译设备。这项研究还有另外一个用处。当我们用射电望远镜瞄向遥远太空的时候，会接收到一些来自太空深处的无线电信号。如果恰巧有外星人像我们一样可以看电视、听广播，他们扩散到太空中的无线电信号就会被我们接收到。这些信号有可能像自然语言一样由高频使用和低频使用的词汇组成，而我们可以翻译它。事实上，二战时的艾伦·图灵（Alan Turing）就通过类似的方法破译了德军的密码。如果我们接收到来自太空的无线电信号，并且判定它是否符合齐普夫定律，我们就可以知道发出这些无线电信号的宇宙深处是否有像我们一样的高等生物，甚至可以知道他们每天看的电视节目在说什么。

语言是可靠的吗？

描述一个真理，至少从描述本身而言，我们需要依靠语言。但语言是可靠的吗？如果不可靠，它的缺陷是可以避免的吗？

《论语》讲："学而时习之，不亦说乎。"小时候课本上的解释是：学东西要时常拿出来复习复习，不是也很快乐吗？我一直怀疑这快乐的真实感。因为这种"学习的快乐"是课本灌输给我的，我小时候并不具有。"纳粹头子"戈培尔（Paul Joseph Goebbels）有句名言："重复是一种力量，谎言重复一百次就会成为真理。"于是，在熟读百遍之后，我真的以为我有了快感。

后来长大了，学了繁体字，才知道原来这个"习"字可以不这么写，繁体写作"習"。"羽"当作小鸟的翅膀，而"白"是指太阳。组合在一起可以解释为小鸟努力在天上学飞行。引申来讲，就是实践。学会了理论，要出去操演操演、实践实践，这样才能巩固，才能知行合一。纸上得来终觉浅，绝知此事要躬行。孔子讲的是做学问的方法。只有这样，放在《论语》的开篇才有意义。然而，我还是没有找到到底快乐在哪里。

到了人书俱老的时候，又想到了一个新的解释。这个"习"呢，不一定是学完了马上操练，可以是很久很久以后。"功不唐捐"是胡适晚年特别喜欢写给别人的题字。以前学的东西，很久很久以后在哪儿碰到了，拿出来用一用给旁人看，这个似乎才有别样的乐趣。学过，偶尔拿出来显摆一下，嘚瑟嘚瑟，收获一种倚老卖老的得意。

这些年我做新工程教育，希望培养与人工智能（Artificial Intelligence，简写为 AI）共存的新工程师。希望新的人才能够既懂得数字技术，又能动手做东西，所谓学而时习之，培养又能动脑又能动手的新型工程人才，此乃大快乐也。

然而这样就让我们产生了困惑：当我们说一句话的时候，这句话到底是什么意思？

道可道非常道

语言是表达意义的工具。人类对于文字的敬畏可以追溯到很久以前，但古人也很早就认识到了自然语言的"不完美"。老子说"道常无名"，孔子也认为"书不尽言，言不尽意"，陆机在《文赋》中称"意不称物，文不逮意"。

但是老子的说法"知者不言，言者不知"，本身却是个悖论。而这个悖论都不是今天才被指出来的。白居易在《读老子》里说："言者不如知者默，此语吾闻于老君。若道老君是知者，缘何自著五千文？"（善言者不如智者善于沉默，这话是老子说的。如果老子真是"智者"的话，他干嘛还要写五千个字的《道德经》呢？）

这还没完。我们先不要管语言这么复杂的事情，一步一步来，先从定义一个关于某事物的名词开始。

如何定义事物？

忒修斯之船（The Ship of Theseus）

在希腊传说中，英雄忒修斯与雅典战士们从克里特岛回到雅典，他们的船被雅典人保留下来作为纪念。随着时间推移船上的木材开始腐朽，雅典人便用新的木头来替换那些腐烂的木头。最后，船上的每根木头都被换过了。问题是，最终的这艘船是否还是原来的那艘忒修斯之船，抑或是一艘完全不同的船？如果不是原来的船，那么在什么时候它不再是原来的船了？

我们还可以对此问题进行延伸：如果用忒修斯之船上取下来的老部件来建造一艘新船，那么两艘船中哪艘才是真正的忒修斯之船？

这样的讨论同样适用于人类。人体每天都在进行新陈代谢，这样隔过一阵子组成身体细胞的全部原子都会被换掉，那么我们还是原来那个自己吗？如果不是，什么时候不是的？

当然，我们可以举出从精神、意志、社会关系等方面对个人的定义来说明，单纯依靠物理的实体来定义像人一样复杂的事物是不合适的，但对船而言呢？对花花草草而言呢？对猫猫狗狗而言呢？对猩猩猴子而言呢？接着就是复杂一点的人类了，这些物种之间什么时候产生了界限呢？

于是我翻开了词典。为了权威性，我翻开了《牛津英语词典》，为了避免翻译的误差，我翻开了英文版的。

词的互相定义

BOX，container made of wood, cardboard, metal, etc. with a flat base and use a lid, for holding solids.

我总要看看 container 是什么意思。

CONTAINER, box, bottle, etc. in which sth is kept, transported, etc.

这明显的是在用 container 来解释 box，用 box 来解释 container。看来，或者说至少，如果通过词典来定义我们说的每一个词，并试图以此理解人类的语言是有些问题的。到底这些语言有什么意义呢？它们完全可以是一些互相替代的符号。由此可见，理解一本词典，需要词典之外的常识。这些常识，来源于我们的生活、文化、教育，而不只是文字本身。常识的建立，可以通过大数据来实现吗？如果可以，那么到底要多少知识，才能构成人类交流的常识？事实上，人类的生活中存在很多默认的知识，但深究下去，为什么用这个，为什么这么用，我们并不十分清楚，但我们在交流中毫无障碍地用到了它们。

如何学习外语?

There was a time when men were kind

从前，人们是友善的

When their voices were soft

那时，他们声音轻柔

And their words inviting

言语让人盛情难却

There was a time when love was blind

从前，爱是盲目的

And the world was a song

那时，世界是一首歌

And the song was exciting

歌声里充满了激情

There was a time

然而，有一天

Then it all went wrong

一切面目全非

I dreamed a dream in time gone by

我曾梦见那个关于往昔的梦

When hope was high

梦里我满怀憧憬

And life worth living

我的生活有它的价值

I dreamed that love would never die

我梦想着爱永不消亡

I dreamed that God would be forgiving

我梦想着上帝会宽容一切

Then I was young and unafraid

那时我年轻无畏

And dreams were made and used and wasted

梦想诞生、挥霍又被遗忘

There was no ransom to be paid

没有赎金要偿付

No song unsung

没有哪首歌会不被唱响

No wine untasted

也没有哪滴酒不被品尝

But the tigers come at night

但是猛虎从深夜中走来

With their voices soft as thunder

声音低沉像是闷雷在响

As they tear your hope apart

接着它们撕碎了你的希望

And they turn your dream to shame

让你因为曾有过的梦而羞愧难当

He slept a summer by my side

整个夏天他都睡在我身旁

He filled my days with endless wonder

他使我的每一天都充满幻想

He took my childhood in his stride

他轻易获得我的童贞

But he was gone when autumn came

而他在秋天来的时候消失在远方

And still I dream he'll come to me

我依然梦到他会回来找我

That we will live the years together

我们还将携手走过余生时光

But there are dreams that cannot be

然而有些梦不可能实现

And there are storms we cannot weather

就像暴风雨来时我们无力阻挡

I had a dream my life would be

我曾梦想那个我可能的人生

So different from this hell I'm living

与我活着的地狱绝不一样

So different now from what it seemed

与今日的宿命也绝不一样

Now life has killed the dream I dreamed

然而现实它却磨灭了我从前的梦想

2009 年，我在伯克利地下室里困顿于实验和理想的时候，看了《英国达人秀》，苏珊·博伊尔（Susan Boyle，即"苏珊大妈"），一个来自英国乡下的 48 岁女性，在舞台上演唱了这首出自音乐剧《悲惨世界》中的歌曲 I Dreamed a Dream（《我做了一个梦》）。这首歌触动了我对未来不确定的期许，于是我把它翻译成了中文。

虽然我们希望不同的语言可以做到"信达雅"的翻译，然而大多数语言之间是无法对应的。"信",指翻译内容的真实可靠;"达",指翻译的通顺流畅;"雅",是翻译的最高境界,即文字要优美。但这一关往往不是翻译者文学素养的问题,能够做到"雅"的翻译,要碰运气。

在语言翻译中,"信达雅"是可遇不可求的。有的话,会心一笑;没有,也无可奈何。人们为了避免歧义,利用数据的冗余,多说几句来减少误会。Dialogue 翻译成"对话",只能说是"信",翻译成"大唠嗑",是"信"和"达",而碰到个读者是东北人,这第二种翻译就是"信达雅"了。

英语里有个 Buchoski 悖论:My younger brother is older than I am。

英语里 brother 这个词没有哥哥和弟弟的区别,所以这一句看起来就是矛盾的。但事实上"我"可以有两个哥哥,那个年纪轻一点的小哥哥(younger brother)自然比"我"的年龄大。但是 younger brother 对应为中文时又有"弟弟"的意思。

我刚到英国的时候,别人问我的名字,我跟他们说"zhaoyuan",这两个音在英语里是完全发不出来的,德国人会好一点。这本书里用到外国人翻译为中文的名字,除非大家已经习以为常的名人的中文译名,比如爱因斯坦,其他的我通常会保留原来的英文拼写,以避免强硬地翻译成中文,让读者更不知道是谁了。至于我的英文名,留学那些年为了避免英国人发不了"zhaoyuan"的尴尬,我用过"Joe""John""Zhao",最后还是强行让他们习惯发"zhaoyuan"的音,哪怕极难听。

不同的语言会有不同的发声习惯。汉字的发音多为单音，总共只有 400 多个，而常用的汉字有一万多个，因此要在每个音上加上声调，加上组合字，这样来形成丰富的语言。多数的拼音语言会有大量的辅音在元音前后，所以不需要有音调来辅助。这样形成的说话习惯是，我们会觉得外国人说中文为什么不会"抑扬顿挫"，而中国人说英语，会因为习惯的声调变化而成了所谓的 Chinglish（中式英语）。不是我不愿意让你叫我的中文名，是你发不了这个音啊！就更别说那些名字后面的来自家长的期望和深厚的文化背景了，名字翻译实现"信达雅"是很难的。

语言甚至在一定程度上塑造了我们的思维习惯。当然，反之亦然。母语为俄语的人会比母语为英语的人更快地区分出深蓝色和淡蓝色的不同，在俄语中，这是两个不同的词汇，голубой（发音同 goluboy，意为淡蓝色）和 синий（发音同 siniy，意为深蓝色）。

英国历史上早期的贵族讲法语，平民和下等人讲英语。这样就形成了有意思的现象，英语里面表示活物的家畜所用的单词源于英语，而表示能吃的肉类源于法语。比如说羊，用 sheep 和 goat 是英语，说羊肉用 mutton 是法语。牛可以跑的用 cow，这是英语，用来吃的叫 beef，这是法语。能吃的猪肉 pork 是法语，但 pig（猪）是英语。

我之前读的那所中学有西藏班，西藏班的同学既要学习藏语也要学习汉语。学习汉语的目的之一是通过汉语来学习物理、数学等科学知识。因为这些科学课中所用的一些词汇没有对应的藏语词汇。但在清代，所有知识在满、汉、回、蒙、藏文中是对应的。现代科学引进中国不过一百多年，藏语就完全没法儿跟着演化。同样的困难也存在于写这本书，做科学的人越来越喜欢用英语来表达新概念，因为中文并不能跟上最新的进展。新的语言和词汇的形成，需要大量的使用者促成新的表达习惯和共识。而本来可以被广大语言使用者接触的搜索引擎，也因商业信息的覆盖而很难查到有用的信息。危言耸听地说，也许过不了多久，汉语也可能会被最新的科学进展逐渐隔离，成为一种古老的语言而被博物馆化。

第二章

基本的逻辑

多少逻辑叠加在一起就不是逻辑了？至今人工智能不管算法
如何炫酷高深，都还是要基于图灵机来完成，图灵机是人们用来
实现逻辑推演的工具。因此要了解人工智能做不了的事，就要先
从了解逻辑机开始。

我们首先从逻辑的角度来看能否通过有效的逻辑工具来避免语言里这些似是而非的问题。至少，我们会看到，在一系列利用语言沟通的问题上，逻辑是有用而必要的。一个逻辑系统，至少有一些基本的规则，这些规则将保证说话的人不再说一些前后矛盾的话。这看似容易，但当我们犯了逻辑错误的时候，我们往往不知道。而正因为没有逻辑，我们对自然界的观察始终没法积累成有意义的衍生品——新的知识。

　　逻辑的基本规则，至少包括以下内容：

· 同一律（Law of Identity）

· 矛盾律（Law of Contradiction）

· 排中律（Law of Excluded Middle）

· 充足理由律（Law of Sufficiency）

同一律

在用语言进行逻辑推演的过程中，必须保持概念本身始终具有同一性。同一律要求在同一推演过程中使用某个概念时，必须自始至终在唯一的确定的意义上使用这个概念。同一律只是要求所讨论的命题保持同一，要求事物前后一贯。不能将其理解为要求"命题断定的情况必须与客观情况一致"，就是说，不能把命题事实层面的真或假混同于命题与其自身是否保持了同一。同一律并不保证所讨论的对象本身的真实性。

同一律在逻辑推演中的作用在于保证思维的确定。思维只有具有确定性，人们才能进行正常的交流。只有遵守同一律，我们才不致于产生"混淆概念"和"转移话题"的逻辑问题，才能让讨论正常进行下去，写文章说话才能主题明确、思路连贯。同一律保证对话有中心，辩论不偏离议题。

但就同一律本身而言，它不能推出任何有用的新知识。因为语义本身可以被无穷诠释，所以同一律的两个对象，必须严格一致，任何差别都会被扩大，从而使同一等式的两端并不同一。

苹果是苹果

小明去买苹果，看中了 10 元一斤的苹果。小明跟售货员说要一斤，售货员给他拿了 20 元一斤的苹果。苹果还是

苹果，但价格不同了。但即使价格都是 10 元一斤的苹果，
也有品种的不同。即使品种相同，也有新鲜程度不同的苹
果。小明想要的苹果是"那个"（独一无二的）苹果，但事
实上，连这个也做不到。即使是看到的同一个苹果，但当
小明决定了要买，拿起来看的时候发现苹果的另一面被虫
蛀过，这已经未必还是刚才他想买的那个苹果了。

这样的推论已经脱离了经典的逻辑范畴，而开始涉入我们将要谈
的哥德尔不完备问题的范畴。我们不得不通过常识和适当的宽容来达
成沟通的共识。否则，除非不做任何拓展，同一律才能严格地成立。
但同一律严格成立的时候，我们不能获得任何新的知识。它的两端不
得不严格相同。

矛盾律

矛盾律的要求是：在同一逻辑过程中不能同时有两个互相矛盾的
概念或者陈述同时为真。"A"和"非 A"不能指称同一个对象。一
个判断不能既断定某对象是什么，又断定它不是什么，不能同时肯定
两个互相反对的陈述都是真的，必须确认其中有一个是假的。

矛盾律的主要作用是保证逻辑过程没有矛盾，前后自洽。无矛盾

是逻辑推演必不可少的基本条件，遵守矛盾律是构造科学体系的基本要求。科学常常是在发现逻辑矛盾、逐步排除和解决矛盾的过程中发展的。

《韩非子·难势》中有讲：

> 客曰："人有鬻矛与盾者，誉其盾之坚，'物莫能陷也'，俄而又誉其矛曰：'吾矛之利，物无不陷也。'人应之曰：'以子之矛，陷子之盾，何如？'其人弗能应也。"以为不可陷之盾，与无不陷之矛，为名不可两立也。

这段话的大意为：有一个卖矛又卖盾的人，他先夸他的盾最坚固，无论什么东西都戳不破；接着又夸他的矛最锐利，无论什么东西都能刺透。旁人问他，如果用他的矛来刺他的盾会有什么结果，他回答不上来了。

这是一个既不可以同时为真，又不可以同时为假的命题。前提出现矛盾，也就无法推出结论。这并不仅仅是卖矛和盾的人才犯的"低级错误"，对于严格的数学家、逻辑学家或者物理学家而言，我们的每一步推理，都含着很多默认的常识。这些常识如果不被提取或者抽象化，我们甚至难以觉察到它们事实上被我们毫无顾忌地使用着，但这些默认的常识之间一定没有矛盾吗？我们如何知道并确信？

一个系统不能在同一概念中包含互相否定的思想。例如"尖而圆的脸""不是房子的房子""方而圆的桌子"等。这些话每当这么说的时候都特别像佛教语言，尤其是你以闻得出文字味道的敏锐欣赏这些话时。"一个不是房子的房子"，或者，"一座不是山的山"。又例如，有人会说，"有个神秘的地方从来没有人去过，去了的人也从来没有回来过"。这既肯定了"所有人都没有去过"，又肯定了"有的人曾经进去过"。还有一种矛盾不会同真，可以全假，或至少有一假，例如"此地无银三百两"和"此地无银两百两"。

排中律

排中律的内容是：在同一逻辑过程中，两个互相否定的陈述不能都假，必有一真，反之亦然。

排中律否定了大而全的理论。我们希望有一种理论，可以包括所有的正确内容，这样就可以立于不败之地。比如可以有矛盾统一的理论。自然语言可以这么说，但数学上没法表达。一旦选择了骑墙的态度，就是哪边对站哪边，很容易形成一套包罗万象的理论。然而对逻辑和现代科学而言，这套理论不会有任何价值，包罗万象的理论也一样包罗了错误。

矛盾律和排中律都默认了二元论的假设。我们确实可以把任意的系统分割成两个可能，再把其中的可能分割成更多的两个和两个的组合。为了使我们的陈述具有相对的正确性，对任何一个陈述，都可以定义对错、真假的二元分析。事实上，除了我们看到的很多可以被二元化的模型之外，很多现实的对象是无法被二元化的。我们无法区分一个莫比乌斯环的正面和反面。量子力学也提供了大量不得不同时处在两个态之间的对象，我们把这叫作叠加态。

图 2-1　莫比乌斯环

排中律和矛盾律是一种重要证明方法——反证法的基础。能够使用反证法的逻辑依据在于我们假设了如果错误的假设得出错误的结论，那么假设的另外一面就是对的。但它不适用于一类我们将会在这本书里提到的悖论，比如"这句话是错的"。

充足理由律

充足理由律的内容是：在同一逻辑过程中，一个陈述被确定为真，总有其充足理由。事物的存在，总有其道理，这个道理是充分的。

充足理由律的逻辑要求主要有两条：

1. 理由必须真实；
2. 理由与推断之间有必然的逻辑联系。

充足理由律本身并不能为人们提供真实理由。在一个论证中，理由究竟是真是假，这不能由充足理由律来确定，它只提出了这样的要求来保证论述合乎逻辑，理由本身的真假只能由实践和具体的科学实验来解决。

充足理由律是前三条逻辑规律的必要补充。我们在前三条规律的基础上，保持了概念和判断的确定性之后，还要更进一步，指出判断与判断之间的联系具有必然性。在指出事物是什么之后，自然要进一步解释事物为什么是这样，而不是那样。只有遵守这四条逻辑规律，我们才能做到概念明确、判断恰当、推理有逻辑性和论证有说服力，也才能判定论证是否合乎逻辑。

戈特弗里德·莱布尼茨（Gottfried Leibniz）认为"推理要建立在

矛盾原则和充足理由原则之上。任何一个陈述如果是真的，就必须有一个为什么这样而不那样的充足理由，虽然这些理由总是不能为我们所了解"。亚瑟·叔本华（Arthur Schopenhauer）把充足理由律分解为四种形式：生成的充足理由律（因果律）、认识的充足理由律（逻辑推论）、存在的充足理由律（数学证明）和行动的充足理由律（动机律）。

充足理由律的因果律背景暗示着宇宙中的事物都不能自我解释。没有什么事物是其自身存在的理由。如果一个事物是其自身存在的原因，那么这个事物必然先于它自身而存在，这显然是不可证的。因此，这四条逻辑基本定律构架的知识系统是为超自然力的存在留下伏笔的。然而，因果律在我们将看到的某些情况下，甚至应该在更普遍的情况下，是可以违背的。当我们考虑到量子力学的范畴，因果律的正确性会接受诸如约翰·惠勒（John A. Wheeler）的后选择实验的考验（见《量子大唠嗑①》）。这样接着就会对充足理由律提出新的考验。惠勒的后选择实验描述了这样的事实：此刻的现象可以被未来的事件影响。这意味着，附着于时间顺序上的因果律会有问题，此刻的选择决定了过去物体的行为！而这个思想实验居然被一系列物理实验证实了！

矛盾律与充足理由律都是真理的逻辑标准或形式标准。矛盾律是

---

① 《量子大唠嗑》，马兆远著，中信出版集团 2016 年 10 月出版。——编者注

反面的标准，因为遵守矛盾律的思想不一定为真，而违反矛盾律的思想不可能为真；充足理由律则是正面的标准，因为遵守充足理由律的思想一定是有根据的，是从一些原则得出的而且不会导致假的结论的思想。任何一个科学思想体系都要求推理有逻辑性和论证有说服力，也都必须同时遵守这四条逻辑规律，缺一不可。我们说怎样才能比较有格调地聊天，首先应关注聊天本身是否符合逻辑的基本要求。这里我们举几个常见的逻辑错误。

违背同一律

• 歪曲对方观点进行攻击

李雷：传统中药配方在未经临床测试的情况下，是不能使用的。

韩梅梅：你怎么能丢掉中华民族的传统遗产？这种做法会让传统文化断子绝孙的！

显然韩梅梅歪曲了李雷的话。李雷的观点是"不能使用未经临床测试的中药"，韩梅梅将其歪曲为"丢掉中华民族的传统遗产"。

• 滑坡谬论：将一连串的"可能性"转化为"必然性"，得出不可靠的结论

有人大代表在"两会"上提案同性婚姻合法化，对此

某评论员质疑:"如果仅仅是当事人自愿便可结婚,那么,父女、兄妹、母子自愿结婚可不可以?三个人结婚可不可以?人和动物呢?人和板凳呢?"

仅从同性可以结婚这一前提出发,连续利用一系列微弱的"可能性",推论允许同性结婚就会导致"人与板凳结婚"。这就犯了滑坡谬论的逻辑错误。

违背充足理由律

• 有前后时间顺序的事情,未必有因果关系,很多时候相关性不代表因果性,有其他原因作为解释

从清朝初年到 18 世纪末,中国人口数量从不到一亿增长到三亿左右,说明康雍乾三代帝王对国家的治理水平远超前代,所以这三代被称为康乾盛世。

当然不一定。人口增长的原因是多面的,红薯和土豆在明末从南美传到中国,大幅度地提高了粮食产量;医疗技术的积累和新技术的传入也大幅降低了新生儿死亡率并且延长了普通人的平均寿命。相关性不代表因果性,高相关系数也不能说明因果性更强,改变实验条件常常可以检查这种结论的可靠性。

再例如,新医学统计证明,一个人的寿命和这个人成年后手掌大

小的关系密切，具体表现为——手掌大通常寿命短，而手掌小寿命则长。太奇怪了！事实是，男性寿命通常比女性短，而男性的手掌则通常比女性的大。

逻辑和佛性

语言是思维的载体之一，思维借助文字符号表达出来，语言的运用反映了思维的逻辑。古代文化存在的一个重要问题在于其大量的讨论不符合逻辑的基本要求。现在我们知道了，逻辑有自己的基本规律。然而佛教的陈述往往并不遵循这些规律。我们以 P 来代表一个对象，它可以是明镜台，也可以是菩提树。佛教经典的论述方式往往是：

如果 P 是真，那么 P 是假。

佛教论述扩展的一般形式就是：

如果 P 是 Q，那么 P 不是 Q。

铃木大拙在《禅：答胡适博士》（Zen: A Reply to Dr. Hu Sih）一

文中说:"我们一般推论:A 是 A,因为 A 是 A;或者,A 是 A,所以 A 是 A。禅学同意并接受这种推论方式,但是,禅学有它自己的方式,这种方式并不是一般人可以接受的方式。禅会说:A 是 A,因为 A 不是 A;或者,A 不是 A,所以 A 是 A。"

唐代禅师青原惟信谈到其对禅体验的三个境界时说:"老僧三十年前未参禅时,见山是山,见水是水。及至后来,亲见知识,有个入处,见山不是山,见水不是水。而今得个歇处,依前见山只是山,见水只是水。"其中"见山不是山,见水不是水"是一种典型的逻辑谬误。

在佛学经典里这类例子不胜枚举。如我是他,但他不是我(违反矛盾律);得即是失(违反矛盾律);既不是肯定也不是否定,二者都不对(违反排中律);勿言生,勿言无生(违反排中律)。它们背后的禅理是语言无法达到的,也是不符合逻辑的。不符合逻辑可以推出任何结论,这也意味着推不出任何结论。

> 菩提本无树,明镜亦非台;本来无一物,何处惹尘埃。

据说六祖慧能年少时在街上听到有人读《金刚经》中"应无所住,而生其心"这一句话后,豁然感悟,于是决定出家,后来作出这几句偈诗,表达出"空"的思想。慧能还提出过反排中律的命题,如"无方圆大小""无有头尾",认为诸如"方圆""大小""头尾"的矛盾也是"空"的。类似的一首偈诗是南北朝时期禅师善慧（傅翁）写的：

> 空手把锄头，步行骑水牛；人从桥上过，桥流水不流。

佛性会讲这些悖论超越了理性，禅师运用起悖论来反而显得自在坦然。但这也是对逻辑的不清晰和不求甚解。这并不是因为古人只受中国文化或者东方文化的影响，而是因为他们认识有限，思维没有逻辑作为牵引而所面临的共同问题。同样，今天的基础教育中大多数人也没有机会接触到逻辑课程。我们的论证逻辑以很浪漫的方式出现在语文课上，举例论证、道理论证、比较论证和比喻论证，这议论文写作的"四大论证方法"在中学语文教科书中存在了许多年，极大地影响了很多人的写作和论说的思维脉络。可惜的是，这"四大论证方法"不是逻辑，甚至是谬误。

1. 举例论证：列出诸多相似的事例来证明论点的成立。

孟子在《生于忧患，死于安乐》中说：

> 舜发于畎亩之中，傅说举于版筑之间，胶鬲举于鱼盐之中，管夷吾举于士，孙叔敖举于海，百里奚举于市。故天将降大任于是人也，必先苦其心志，劳其筋骨，饿其体肤，空乏其身，行拂乱其所为，所以动心忍性，曾益其所不能。

这段话里，孟子举了六个出身穷苦却最终功成名就的人的例子，得出"天将降大任于是人也，必先苦其心志，劳其筋骨，饿其体肤"的结论。然而，很不幸，对绝大多数人而言，苦难只是纯粹的苦难，好的家世却意味着更好的教育、更宽阔的眼界和更多的成功机会。

我们生活的空间够大，时间够久，也有更多的例子可以举。人们先选择观点，再选取支持这个观点的案例，忽略甚至隐藏反面的例子，这同样是逻辑错误。在逻辑论证中，我们更关心可以否定观点的反例。证明一个命题放之四海而皆准是困难的，因为我们要去验证每一个例子，在一般情况下，这样做非常困难。只有一种情况是特例，即命题是可以用数学归纳法来证明的，自然数的性质保证了这个证明方式的有效性。对于一般的归纳总结，在有限的案例中得出的普遍规律是不符合逻辑要求的。举例论证中举出一两个例子来说明一个普遍的规律，是非逻辑的。

事实上证明一个结论，尤其是通过大量案例来得出一个普遍的结论所用的归纳法，是非常脆弱的论证方法。这种方法严格防止反例，即论证时要把所有的可能都尝试一遍，这在大多数的情况下是不可能的。不管有多少正面的证据，一个反面的证据就推翻了这个普遍结论。因此用举例的方法来论证一件事情非常难，而推翻一件事情却很容易，一个反例就够了。但这个举例论证往往成了我们常用的论证方法，比如我们在谈起某一位中医的神奇时，都会说自己的邻居或某某熟人，癌症好几期了，都是这神医用药，甚至不用药给治好的，所以他灵啊，不灵主要是你不信的问题。然而这样的举例论证不具有推广意义上的普遍性，他被治愈你未必能行，人体是复杂系统，病好不好，各人体质有差别，常常有别的原因作为解释。

2. 道理论证：引用经典著作中的名人名言、权威的话来证明论点的成立。

科学做的事情是在挑错，在不断地否定既有的权威。不要说权威，掌握了知识的个别人在某一领域中即使有深厚的积累，在别的领域中也可能缺乏基本的常识，这样的例子并不少见。"权威说的话"是双方都偷懒的途径：作为"权威"的人不用花精力去说服别人，只要把牌子一举就够了，"我是专家"；引用"权威观点"的人也不用花精力去证明，因为"权威"会背锅，"某某专家说了"。但这样的论证都谈不上逻辑，是最有害的。它不但妨碍了我们对内容真实性的探索，而且建立了人对知识的等级观，把"人治"的观点引入了知识世界，最终妨碍了人对知识的深入探索。这样做的不良后果在于，"权威"死了，世界就崩塌了。

列举某某名人说的话，似乎名人所说的话就是真理，就可以用来证明某个结论是对的。这本身也是毫无道理的，姑且不说名人在说某句话的时候一定有上下文，而语言本身也可以被无穷诠释。名人的话包括名人自己也不断地被历史重新审视。所以他说的话难道就可信吗？就能成为论证的基础吗？我们把绝对真理相关的学问和方法统称为"神秘论"，在《量子大唠嗑》这本书里，我们这样定义了神秘论：

1. 相信有绝对真理的存在；

2. 相信有绝对权威的存在；

3. 所有证明都是为了证明绝对权威掌握了绝对真理。

比照这三条，我们教育灌输给学生的论证方式，是神秘论化的论证方式，是古代的思维方式，是不科学、不现代的。这样的论证方式会坑害中国，使得中华五千年文明原地踏步而无所发展，如果继续这样教下去，也必毫无益处。

3. 类比论证和比喻论证，指的是一种将两种事物进行对照，得出某种结论的论证方法。

董仲舒为了证明其"天人合一"理论，在《春秋繁露》做过这样的类比：

天以终岁之数，成人之身，故小节三百六十六，副日数也；大节十二分，副月数也；内有五藏，副五行数也；外有四肢，副四时数也；占视占瞑，副昼夜也；占刚占柔，副冬夏也。

这段话主要说的是，人全身有366个关节，对应天一年有366天；人有12个大关节，对应天一年有12个月；人有五脏，对应天有五行；人有四肢，对应天有四季；人眼有开合，对应天有昼夜；气息有刚有柔，对应季节有冬夏。然而，仅就事实而论，人体并无366个关节——证据是按照观点凭空臆造出来的。

　　类比推理和比喻论证往往只能提供某种"或然性"。这种"或然性"在人类认知世界的历史进程中，有着很重要的地位。它可以将事物描绘得更形象，将问题表达得更清晰，达到易于理解的效果；它能够给我们带来认识新事物的好的启发，构成一定的"大胆假设"。然而，要做到紧跟在"大胆假设"后面的"小心求证"，则需要"同构映射"，即证明两类事物之间从假设到论证是严格一一对应的。这件事情，只在数学领域中做得很成功，我们接下来还会谈到。但在自然形成的语言中，严格证明两个事物是同构的，非常之困难。比喻论证，强调了相似的部分而忽略了不同的部分。相似的部分具有某种特性，不能被推论为具有这个部分的事物就具有类似的其他特性。所谓"上善若水"，我们无法说水具有某种特性，而人性也具有某种特性，因此，水的另外特性，也是人性的特性。比喻有助于直觉的形成，但不构成论证的基本方法。因此在通常情况下，无论类比论证还是比喻论证，逻辑上都是不成立的。

　　这四种所谓的论证方法，从逻辑上来说都是错误的。只能作为写作时的修辞手段，远远谈不上论证的作用。在帮助人思考方面，不仅没有益处，还大大有害。不要抱怨这本书枯燥，这本书努力避免使用这些不靠谱的论证方法，以免让本来就深邃的概念更加令人糊涂。忍忍就好，值得的。

逻辑的自洽和完备

能不能完全依靠客观的逻辑来排除某些人的直觉，甚至是一群人的直觉，来建立普适的知识体系？比如说不用假定任何假设就可以证明一个系统没有内在矛盾，那么怎样才能算一个完美的理论系统呢？

构架于严格逻辑体系的理性系统至少应该是自洽（Consistency）和完备（Completeness）的。

自洽，要求理论有效，不能自相矛盾；完备，要求理论有用，能够对体系内有效的命题进行判断。

如果一个理论系统前后矛盾，那么它不会有任何用处。在一个矛盾的理论体系里，任何命题都能被证明。同样，在一个有用的理论体系中，用这个理论体系所规定的名词给出一个命题时，这个命题的对错应该是可以通过理论的基础假设和合理的逻辑推演来判定的。否则的话，连对错都不能告诉我们的理论体系有什么用呢？这两点都做到的话，才是一个完美的体系，"完"，在于完备，"美"，在于它至少不是自相矛盾的。

自洽性要求

符合逻辑的理论体系应该是自洽的，也就是说它是前后一致的，没有矛盾的，不光是一句话里没有矛盾，是理论体系内处处不能有矛盾。否则的话这些矛盾总能碰到一起，从而使整个体系丧失公信力。建立一套知识理论体系，首要的任务是证明命题系统的无矛盾性。这个要求很自然，否则如果从命题中推出相互矛盾的结果来，那么这个命题构成的任何说法都毫无价值。自洽的要求极其朴素，你不能刚说了什么，接着就又说自己刚才说的不对。在说话的时候，不能自带武器来攻击自己。至少也是别人用另外的话语和证据来说明你的言论有不当的地方，而不是都不用别人出手，自己就把自己打败了。

　　自洽源于一个可信服的原理，即逻辑上不相容的命题不可能同时为真；如果一组命题是真的，那么这些命题逻辑上是相互协调一致的。如果说一个知识系统是自洽的，那么不可能得出 $0 \neq 0$ 的结果；或者不能出现这个系统中的一个命题与它的否定命题都是对的。

　　一句话来说，不自洽的假设证明一切。

罗素是教皇

　　从单纯的逻辑上来讲，不自洽（存在矛盾）的假设可以推论出任何荒谬的结论，哪怕推理过程无懈可击。伯兰特·罗素（Bertrand Russell）证明他能从 "$2 + 2 = 5$" 推出 "罗素是教皇"。罗素证明如下：

　　　　由于 $2 + 2 = 5$，等式的两边同时减去 2，

　　　　得出 $2 = 3$；两边同时再减去 1，

　　　　得出 $1 = 2$；两边移位，

得出 2 = 1。

教皇与罗素是两个人，既然 2 = 1，教皇和罗素就是 1 个人，所以"罗素就是教皇"。

罗素因此也可以是任何人。这个不靠谱的结论，就是由一个与已知知识矛盾的假设引发出来的。我们既然在算术系统中可以证明真的命题 2 + 2 = 4，那么 2 + 2 = 5 便成为与之矛盾的命题了。同样，不自洽的体系内可以推出任何结论。

完备性要求

如果说一个知识系统是完备的，那么这个系统中的所有命题都是可以被证明的，即每一个系统内的真理都对应着一个定理和它的证明过程。

完备性是另一个知识理论体系的朴实的要求。我们希望学习一套知识，就会给我们个可靠的说法。问一个问题，总该给我们一个确定的答案，对还是错，给个准话。辛辛苦苦建立起来的一套没有矛盾的理论体系里有很多很多命题，我们总希望每个命题都能判断对错。我们这里说的命题，就是简单到像"2 + 2 = 4"，"在没有外力作用下物体会沿着直线做匀速运动"，"明天会下雨"，"柿子 10 元钱一斤"。当然也有复杂的，比如哥德巴赫猜想，即"大于 4 的偶数，总能写成两个质数的和"。这些命题并不属于同一个命题体系，自然数建立了算术的知识体系，气候建立了气候的，而物理学建立了物理学的。这些知识体系有一个共同的特点：它们必然建立在某一些"不证自明"的前提条件上。传统意义上这些前提条件被称为公理，但可能称为"公设"会更合适一些，要明确它们不过是共同承认的"公允的假设"，未必有理。"理"给人一种更强的默认是对的含义，而事实上，我们从本书里可以看到，这些假设未必总是真的。我们常常会看到理论系统所依赖的不证自明的公理会随着新的证据出现而动摇，而在本书接下来的讨论中我们也会发现，公理本身并不能够证明它的正确性，因此说它是"公允的假设"，比"公允的道理"或"公允的真理"更符合事实。

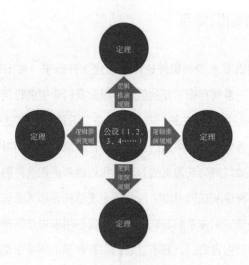

图 2-2　公设与定理

人们建立一套知识体系，希望这套知识体系能够回答我们提出的问题。如果我们用这个体系的语言工具不能够回答我们提出的问题，这个体系就还不完备，那应该继续扩展这个体系，让它能够解答我们提出的问题。同时我们希望这套理论可以描述它自己的问题。一个命题用这套新的理论描述出来，我们应该有办法来判别它是对的或错的。我们也常常利用自洽性来检测完备性的要求，即使用反证法，但凡是用了反证法的证明，都要在系统是自洽的这一假设下能得到矛盾的结论，这个证明或者证伪才是有效的。

构建一个知识体系

符合逻辑要求的知识理论体系的建立开始于一些不证自明的公设。公设是一系列存而不证的假设，因此我们希望公设越少越好。公设之间应该是互相独立的，若是有一条公设能够由其他公设推论出来，那么这条公设就是多余的。一套公设应该容许我们对这门科学下的每条命题加以判别其为真或为假。我们通常也把这样的公设体系和它们基于逻辑推演规则得出的命题系统总称为形式系统。它是构建一切已知科学知识体系的基础。当然，我们用来做逻辑推演的规则本身，也是公设内容之一，只不过它们在各种理论体系中都被普遍地使用，从而成为逻辑的通用要求。像其他公设一样，这些作为推演规则的公设，一样可以被怀疑。

　　我们举一个例子。任何学习过几何的人，无疑都会认为它是一门完美的由演绎而产生的学科。由演绎而产生的学科与由经验产生的学问不同。在经验学问中，一个定理只要和观察相一致就会被接受。但在几何学中，一个定理是经由明确的逻辑证明得出的结论。这种对定理要求的观念可追溯到古希腊人，正是他们发明了所谓的公设方法，并且基于这种方法系统发展了几何学。

　　总而言之，公设方法，就是先不加证明地将某些命题当作公设或前提，例如"通过两点只能画一条直线"的公设，然后从公设导出系统中的所有其他命题为定理。公设构成了系统的基础，定理则是从公设仅靠逻辑原则的演绎所得出的被证明为真的"上层建筑"。

　　我们常见到的大部分棋类游戏也是形式系统，比如中国象棋，它们是严格按照公设体系建立起来的。系统的语法将指明，什么样的符号串（陈述）是合适的（这代表棋盘上的有效结构，例如黑象不能位于红方半场内）。这样，语法正确的句子就代表下棋的任何一个阶段的可能状态。形式系统的推理规则不过是把一个合适符号串转换成另一个合适符号串的各种不同途径而已，即把一个合理的棋局推演到另外一个合理的棋局的"走棋"。换句话说，推理规则代表在下棋的任何阶段可允许的各种走法，而下棋的公设对应着开局时初始格局棋子的摆法。

操作规则（在中国象棋的公设化系统中）

公设：开局的棋盘摆法。

推演规则：象棋每一个棋子的走动规则。

定理：符合规则走出来的新的棋盘局面。

陈述：任何一种棋子在象棋盘上的摆放方式。

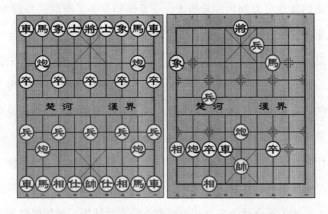

图 2-3　象棋初始格局（公设）与棋子按规则走动之后的格局（定理）

　　一种棋子在棋盘上的摆放方式未必能够真的走得出来，所以不是每一个陈述都能被证明为定理。这样我们也可以理解，为什么大多数情况下证明一个定理比否定一个陈述要容易。因为证明一个定理只要走出来就好，但否定一个陈述要把所有的走法都走过一次，除非错误特别明显，比如将"象"放在了棋盘的米字格内。这相当于后面我们会讲到的 NP（Non-deterministic Polynomial，即多项式复杂程度的非确定性）问题，对于 *NP* 问题找到证明是困难的，但验证起来并不难。

　　公设系统应该是完备的，应该能够对系统下的每个命题加以证实或证伪。也就是说，不应该容许不可判定命题的出现。然而，我们很快就会看到，事情远远不是看起来的那么美好。譬如说：

　　"本命题是假的"，是既不真也不假，"没有真假值"的句子。

　　"本命题不可被证明"，是一个有"真值"但无法证明其真实性的句子。

第三章

理性的终极理想

人类希望通过逻辑工具来建立冷静客观的知识体系，这个知识体系不应该有任何主观的知识和情绪夹杂在其中，但问题是一旦有了这样的体系，并且这样的体系可以自动去包罗万象而形成所谓的人工智能的时候，人本身的作用就不大了。

直觉？

科学的历史，是一个与人类直觉做斗争而相爱相杀的历史。

很多宗教信仰，都以人类为中心，即使不这么声称，但归根到底都与人有特殊关系。《圣经》记述我们人因为上帝的眷顾而成了被选择的特殊一群。上帝为他自己的孩子——人类，创造了整个世界。类似的以人为中心的信仰有几千年甚至一万四千年的历史。随着地心说的势衰，牛顿力学的建立，我们越来越被移出了宇宙的中心。当我们有能力看到浩瀚的太空时，我们越来越不相信自己就是宇宙中最重要的部分了。这种不重要也让人们意识到，不仅"我们"不重要了，"我"也不重要了。我们对于自然的认知，不应该取决于某一个人的观点，或者某一个人的某些具体特征。即使有时候不得不采用人为的标准，也会试图让所有人都参与，通过人数来平均个体的差异，谁也不搞特殊化。据说德国人 16 世纪定义"尺"的长度，就用某一个星期日礼拜之后从教堂里走出来的前 16 个人的平均脚长。但法国人在定义"米"作为长度单位的时候，采取了更客观的策略：以地球为标准，谁说了也不算，本初子午线的 4000 万分之一为一米。因此，地球经线的长度是精确的 4 万千米。理性让科学认知离人类的直觉越来越远，这似乎是对的。因为直觉，某人的直觉，某些人的直觉，似乎并不可靠。

直觉确实有谜一般的性质。

它到底来源于什么？我想本书以及以后很多年的书都无法说清楚。在人类追求终极理性这么多年的情况下它还依然坚强地活着、活跃着，这在一定意义上说明事情远远比我们想象的要复杂得多。

直觉也许是在过去的经验和知识积累上形成的。直觉也许是自动驾驶设备的大脑，执行处理信息的动作，而无须人们有意识地感觉到它正在运行。直觉常常被认为是无意识地思考。因此我们会问，多大程度上我们能相信直觉？我们其实可以在日常生活中体会到直觉的自动信息处理。比如说，在开车的司机身上有时会发生"公路催眠"。驾驶员在没有意识到自己每一个动作到底怎样操作，应该应用哪些肌肉和手柄的时候，也可以开几十甚至几百公里。行人走在街上，陷入沉思，或者就是玩手机，一抬头发现自己已经在目的地，却没有意识到自己走到那里的过程。直觉有重要的价值，但它并不一定能帮助我们做出一个好的决定。

直觉过程不仅发生在日常活动中，而且也运作在复杂的决策中。

有人说女性依靠直觉做判断的能力比男性更强，但事实上，我们几乎所有的决策都是依靠直觉的，或者，在本书中我们会看到我们所有的决策都要依靠直觉的参与。人们通常会在事后把他们的行为解释成符合某种理性的标准，不会透露自己的主观偏好。然而真实的情况是我们很难搜集所有的判断依据，真正做到完全理性，甚至是本书将要说明的，当我们做出一个决定时，完美的理性也不能帮我们做出更好的决定，因为它们并不存在。当然，花更多的时间搜集任何有关任务或情况的信息会多多少少有所帮助。但是，人们也不应该在自己没有掌握所有信息而做出决定时感到害怕，掌握所有信息的情况可能并不存在。

　　直觉也许来自我们多年的学习和与人沟通的积累，让不太容易理解的事情变成一种默认的知识。如果我们抛弃经典理性带给我们的判断，像孩子一样学习和看待新鲜问题，那我们在很多时候可以毫无困难地将理论中出现的佯谬当作直观明显的东西接受下来。几代人之前人们认为完全不可直接感受的东西，今天的我们却会毫不犹豫地把它当作常识。当我说地球是圆的时，有多少人可以举出实际的证据来证明地球是圆的呢？我们很多时候因为习惯了被各种来源的信息不断灌输，对直觉的感受并不怀疑。比如说这地球，我们已经默认它是"球"了！从月亮上地球的影子来推测，地球肯定是个球形。如果它是方的，或者扁的，那个影子就不会总是圆形的，而这一点，古希腊人早就意识到了。

　　由直觉而产生的公设应该是不言自明的，正如美国《独立宣言》

所讲，"有些事情是自证其正确的"（We hold these truths to be self-evident）。

严格意义上来讲，所有不言自明、自我正义化的东西都值得怀疑，更别说以此为基础建立起来的层层叠叠的法律条文了。

直觉并不是安全的思维基础：它不适用于作为一种标准来判断一项科学探索有无真理性或能否获得成果，"直觉"会带来知识的不确定性。现代科学技术越来越倾向于尽量排除人的因素的干扰。物理学工作者就很讨厌"人"的直觉。我们知道的普适的物理规律难道要依靠直觉来发现吗？我们默认的公设来自直觉，这些公设应该是不言自明的！但我们该相信和依靠谁的直觉呢？都不用说谁的直觉，物理学家甚至不喜欢具体的东西。

以长度的测量为例。英文里的长度单位是英尺 ①（foot），foot 的本意就是脚。这跟我们小时候的经验非常相像，游戏中的孩子也常用脚来丈量长度。13 世纪初期，欧洲的度量标准非常混乱，给欧洲迅速形成的国际市场带来了诸多麻烦。在英国，仅长度标准问题带来的民事纠纷就使行政部门大为苦恼。大臣们先后召开了十几次会议商讨这个事，商量来讨论去始终确定不下来一个统一的标准。曾在大宪章上签字的国王——"失地王"约翰，在多次听证后失去耐心，于是在地上踩了一脚，指着凹陷下去的脚印对大臣们宣布："There is a foot, let it be

---

① 英尺，英美制长度单位，一英尺等于 12 英寸，合 0.3048 米。——编者注

the measure from this day forward."（这就是一英尺，这个脚印就永远作为长度的标准。）现在的大英博物馆中还收藏着用膨胀系数很小的铂金制成的长方形框，中间部分即为英王脚（The Imperial Foot）的标准长度。因为约翰王穿着鞋，所以，一英尺大约是 30.48 厘米。这跟唐朝我们用的"尺"的长度非常接近。法国大革命后的法国人不喜欢依赖王权，他们觉得应该找更客观的标准，因此用地球的自然长度来定义长度标准，将经线的 4000 万分之一定义为一米。

　　两千多年前秦始皇统一度量衡，今天的物理学工作者也做着类似的工作，当讨论物理问题的时候，我们需要确定基本的物理学单位。我们需要知道一米到底是多长的距离，一秒到底是多少时间，一公斤到底是多少质量。到今天巴黎的国际计量局都还保存着国际千克原器、国际米原器。如今国际米原器仅作为"最能表明米的规定性质"的器具而被保存，1889 年的第一届国际计量大会确定"米原器"为国际长度基准，大会规定一米就是米原器在 0 摄氏度时两端的两条刻线间的距离。经过精密的工艺和精益求精的维护措施，米原器的精度可以达到 0.1 微米，也就是千万分之一米，可以说够精确的了。可是在 1960 年召开的第 11 届国际计量大会上，各国代表一致通过决议，废除了米原器对"米"的定义，理由是它既不方便，也不准确。第 11 届国际计量大会在废除旧的"米"的标准的同时，也规定了新的"米"的标准，它等于氪 86 同位素灯在规定条件下发出的橙黄色光在真空中的波长的 650763.73 倍。1983 年 10 月，联合国度量组织在巴黎举行会议，规定了新的"米"的定义，即把光在真空中 299792458 分之一秒所走的距离定为一个标准米。因此，光速被定义为每秒 299792458 米。这样至少长度不依靠具体的某个工具了，但却依赖于时间了。那么一秒到底是多长时间呢？

图 3-1　国际计量局保存的国际米原器

这个问题并不复杂啊，一天有 24 小时，每小时 60 分钟，每分钟 60 秒，那么一天时间的 86400 分之一就是 1 秒了。但在这里我们是不是默认了一天的时间长度？一天是地球自转一圈所用的时间吗？这个常识是错误的，地球自转一圈的时间只有 23 小时 56 分多一点。一个太阳日需要太阳回到天空中的同样高度才能算一天。嗯，不对，是需要太阳回到正午时候的高度，由于地球公转，每一天太阳在同一时候的高度并不同。但"时候"还没有定义，所以我们谈的"正午"是有些问题的。太阳回到这一天的最高角度的这个时刻和前一天的同样最高角度的时刻之间的时间差是 24 小时。但因为地球在自转的时候也公转，所以自转的时候要多转不到 4 分钟才能让太阳处于这一天的最高点，这时候才是一个太阳日。

看到了吗？当努力把一个常用的概念说清楚的时候，我们不经意间就用了很多默认的知识，这些默认的知识是怎样形成的？可以靠大量的学习和记忆实现吗？通过大数据或机器学习的方法能够获得这些默认的知识吗？这是人工智能要解决的一个核心问题，我们的常识需要多少可描述的知识来形成？这些知识能最终积累成直觉吗？常识是直觉的基础吗？

但写到这里，我难以忍住我对时间的继续显摆。

时间

古代的人类和所有其他动物一样，不需要比"日"更准确的时间。埃及人对尼罗河的观察代表了在很长的一段历史时期内人对时间的需求。在一年的尺度上，尼罗河在确定的一天涨水淹没农田。人们只要在这之前做好准备，等待洪水退去开始新一年的种植。"日"意味着耕种和收获，"小时"有什么实际用处呢？对老百姓而言，日出而作，日落而息，他们并没有对时间精确到小时以下的实际的需求。

当然，非常小众的用在天文、立法和占卜方面的计时器，其作为礼器和宫廷的玩物也不是完全没必要存在的。臣子上朝还是要准点的，不能让皇帝等，所以至少还是有晨钟暮鼓，早晚打更的需求。但这样的计时，一个城市里有一小撮人来做就好了，更不必精确到分秒。

对分秒的需求一直到欧洲人要进行大航海探险才显得迫切。对航海而言，倒霉的事情是，地球是圆的。这当真是个麻烦事。茫茫大海，目的地或者提供淡水和补给的海岛或大陆的海岸就藏在地平线下面，要走到地平线那边才看得到。那么，地平线有多远？

欲穷千里目，更上一层楼。

鹳雀楼，20 世纪 90 年代重建，重建高度 73.9 米。站在这个楼顶，到底能看多远？答案很让人失望，不过 30 千米。我们可以想象

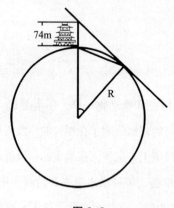

图 3-2

一下，一艘船航行在茫茫大海上，距离这条船 30 千米外有一个岛屿，而即使船的桅杆有 70 米高，船员也不可能看到这个岛。一旦四周没有参照物，只有一望无际的大海和船长手里的地图与指南针，那么船该朝哪个方向走，才能尽快到达岛屿获得给养？现实很残酷，那时候没办法，是真没办法。

要知道那时候海船一天也就走几十千米，遇到风暴等天气时船会偏离航道，船员一觉醒来就完全不知道自己在哪儿了。船员已经知道利用经纬度确定在地球上的位置，正午时候的太阳高度或者晚上的北极星高度可以告诉水手船所在的纬度，但他们是完全没办法确定经度的。所以那个时候的航海，都是一维的，只敢顺着东西向的纬线走，也只能顺着纬线走。这也就是为什么茫茫大海连个海岛都不容易看到，却会有海盗这门生意。商船也不敢偏离纬度线啊！海盗船只需要找一条沿途岛比较多的纬度线（这几乎是所有商船和海盗船都有的知识）趴着等就好。如果大家对迷航没有亲身感觉，那有没有在地下停车场找不到车的时候呢？因为每一层看起来完全一样！海上航行比这种情况更让人绝望，因为海面从各个方向看完全一样！所以海航一定会依赖有经验、直觉好的船长，而这位船长常年要在正午的时候通过六分仪测量太阳的高度来判断船所在位置的纬度才能保证船不偏航。经年累月下来，常用的那只眼睛自然就瞎了。独眼的船长是人类航海史上悲情的真历史！由于长时间没有蔬菜和淡水，在海上丢的不仅仅是一只眼睛，还有船员的生命。迷航在那时是非常频繁的事情，在地球上不知道经度的远洋探险，真的是冒险。

那么地球上某一位置的经度怎么确定呢？

一个方法是通过时间。

太阳回到每天的最高点的时间间隔是 24 小时，这样就可以按照时间间隔把地球分成 24 份，每一份代表一小时，这就是地球上不同经度区时差的来源。地球在 24 小时内旋转 360 度，这意味着它每小时旋转 15 度。如果知道本地时间和经度为零度的地方的时间差（零度经度穿过英国的格林尼治天文台），你就能够计算出本地的经度。这样通过时差，我们就能确定离开某一经度有多远，也能算出来本地的经度了。这说起来似乎很容易，但怎么确定时差呢？假设按照赤道来算，其长度对应 4 万千米，这是 24 小时，即 86400 秒的时间差，在鹳雀楼的高度上来看，30 千米对应于大约 60 秒，约 1 秒 500 米。也就是说，如果时钟相差一分钟，本来可以看到的岛就消失在地平线下面了。但从惠更斯发明了摆钟之后的很长一段时间，摆钟每天走差几分钟是很正常的事情。在海上颠簸，每一次的钟摆摆过去和摆回来的时间间隔都会不一样。而且为了减少齿轮之间的摩擦，要经常给它涂润滑剂。但在不同温度下润滑剂的黏性相差很大，这也让钟表走时不准。要做一个走几天，甚至一两个月都不差一分钟的钟表，在大航海时代是不可想象的事情，包括牛顿在内的很多人都认为不可能做出满足航海所需要精度的钟表。因此以牛顿为首的科学家们花了很长时间研究天文，希望通过月球每一天在星空上不同位置的微小差异来确定某个地方的经度。这，当然是需要极好的天文学知识的——是极好极好的。英国为此专门成立的经度局在 1714 年宣布：开发出实用的在海上经度计算方法的人将获得两万英镑的奖励。在那时，一艘军舰也不过几百英镑。

约翰·哈里森（John Harrison），是一个木匠和钟表匠。在他于 1776 年去世之前的 40 年里，他开发了一系列越来越精确的时钟来确定海上航行的经度，这些钟现在都保留在格林尼治天文台。1759 年，第 4 口钟 H4 在远征牙买加的 81 天惊涛骇浪的航海中只有 5 秒的误差。哈里森做出来的航海钟的准确度完全超出了经度局的想象，但它的价格也不菲。而经度局真正想要的是一个"实用的解决方案"，这意味

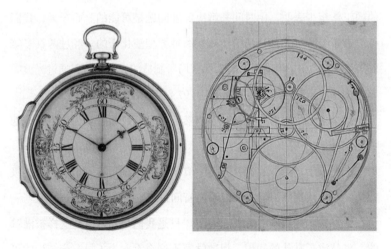

图 3-3 哈里森研制的 H4 航海钟

着这种航海钟必须有被批量化生产的可能。对于这个充满了手工业工人的匠心独具（奇技淫巧）的装置来说，这是很难在短期内做到的，因此也看不到大规模商用化的前景。经度局只同意把奖金中的一部分授予哈里森，总计一万英镑。直到后来在国王乔治三世的坚持下，哈里森才领到全额奖金。坊间为了增加戏剧性，常见的故事版本是哈里森解决了经度问题，但被官方科学机构轻视，比如由牛顿的学生们所构成的主流学术界。但这个版本忽视了英国和法国其他钟表制造商的贡献，他们也在开发可靠的航海计时器方面取得了重要进展。事实上没有证据能够表明哈里森当时在现实层面解决了经度问题，之后很长一段时期，哈里森的航海钟的成本都超过了当时一艘战舰的成本。但他的工作至少表明，用时间来解决经度问题是可能的。而今天，我们可以带着走的钟表都是从哈里森航海钟原型演化来的。经过两百多年的努力，到2018年美国的国家标准局所制造的光钟，可以通过光波频率的比对把测量时间的误差降低到197亿年差1秒。

在排除直觉的努力上，数学当然不甘示弱，而且认为这是天经地义的。

在上小学之前，我们就开始学算术，海淀区尤甚。小学一二年级就学会了加减乘除，但我们似乎没有问过，1后面为什么是2啊？

回答这个问题其实不那么简单。只是我们一开始就是这样被灌输的，也就成了默认的知识。但数学家不这么看，为了每一步结论的可靠，我们习以为常的常识需要被重新梳理一下。

算术系统

算术的基本公设被称为皮亚诺（Peano）公设，由五条基本假设组成：

公设 1　1 是自然数。

公设 2　对于任意自然数 n，其后继数 n' 都是自然数。

公设 3　对于任意自然数 n，$n' \neq 1$ 都成立。

公设 4　对于任意自然数 m，n，若 $m' = n'$，则 $m = n$。

公设 5　假设对自然数 n 的谓词 $P(n)$ 而言，下面的（a）和（b）都成立：

（a）$P(1)$ 成立；

（b）对于任意自然数 k，$P(k)$ 成立，则 $P(k')$ 成立；

则，对于任意自然数 n，$P(n)$ 都成立。

"谓词"有点拗口，它是说明主语具有某种性质的词，跟我们通常理解的"谓语"没有太大区别，或者就把它当作"陈述"或"命题"来看。这时公设 5 就成了：假设对自然数 n 的陈述 $P(n)$ 而言，下面的（a）和（b）都成立。我们来看怎样用这样的公设来定义自然数。需要再次跟读者重申：公设，指的是不需要证明也能成立的陈述。陈述则是可以判断真假的数学性观点。当陈述被证明为真的时候，我们称之为定理。

我们自然地把自然数当作某种符号的集合，这些符号具有某种特性，我们把这种集合标记为 N。那么公设 1 告诉我们 "1" 是集合 N 中的一个元素，即 1 属于集合 N，即图 3-4 所示：

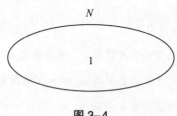

图 3-4

这似乎没有什么特别，我们看公设 2，对于任意自然数 n，其后继数 n′ 都是自然数。我们现在还不能认为 n′ = n + 1。因为直到这条公设，我们还没有任何举动来定义 "+" 这个字符。事实上，正如数学家哥德尔所说的，如果到此为止的话，仅有这两条，这个公设系统还不能表达足够丰富的内容。那么，是不是说 "1" 是自然数，"2" 就是自然数了呢？也还不能这么说。因为，根据公设 1 和公设 2，我们没有定义字符 "2"。我们姑且把 n′ 作为使用的字符，1′ 作为 1 的后继数。那么根据公设 2 来说 1′ 也是一个自然数。注意这并不是矫情或者不必要的烦琐，我们只是太熟悉用工具来制造新东西，而常常忘记了工具本身也是被制造出来的，我们一样要考察工具的可靠性。

这时，我们有了图 3-5：

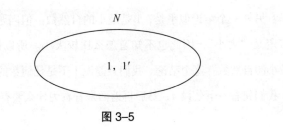

图 3-5

根据公设 2, 我们有了图 3-6:

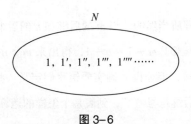

图 3-6

虽然公设 1 和公设 2 不算太复杂, 但我们已经可以用它来定义几乎无穷多符号和它们的一些基本性质。更重要的是, 我们已经在使用演绎法, 通过逻辑推理由公设得出结论。并且由于我们不断地使用同一个公设, 事实上, 我们已经开始尝到了自然递归的味道, 在数学证明中这是个常用的方法。

公设 3　对于任意自然数 n, $n' \neq 1$ 都成立。

这似乎是废话, 我们确实可以得出的结论是 $1' \neq 1$, 但这有什么用吗？另外一个结论似乎是，1 是最小的自然数。但问题是，我们还没有定义"大小"，因此也不知道怎么比较大小。所以也不存在"1 是最小的自然数"这个结论。我们只能说 1 不是任何数的后继。

我们先看一下公设 4，然后再返回来看看为什么要有公设 3。

公设 4   对于任意自然数 m, n，若 $m' = n'$，则 $m = n$。

这似乎又是理所当然的。当 m 的后继和 n 的后继相等的时候，m 等于 n。这不是相当于 $m + 1 = n + 1$，得出来 $m = n$ 吗？事实上，我们还没有定义"+"，但公设 4 确实要给我们定义一些使用的算法了，比如这个所谓的后继符号"'"，到底是个怎样的运算，即"后继"应该具有哪些性质。

如果我们假设想要的自然数序列是：

$$1 \rightarrow 1' \rightarrow 1'' \rightarrow 1''' \rightarrow 1'''' \cdots\cdots$$

如果没有公设 4 的要求，我们可以定义，$1'''' = 1'$，即使 1 不等于 $1'''$ 但也可以有 $1'''' = 1'$，这样会造成：

$$
\begin{array}{ccc}
1'''' & \leftarrow & 1''' \\
\downarrow & & \uparrow \\
1 & \rightarrow & 1' \rightarrow 1''
\end{array}
$$

这样的结构，完全满足公设 1、公设 2 和公设 3，但它不是我们想要的。

　　所以皮亚诺想要定义的是：1是自然数，所以才有了公设*1*，任意自然数都有后继数，所以有了公设*2*，然后，没有后继数为1的自然数，所以有了公设*3*，后继数一个一个延伸下去，这个序列是单向的，不许回头，不可以打结，所以有了公设*4*。

　　有了公设*1*、公设*2*和公设*3*，但不能避免形成这样的序列：

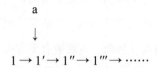

　　公设*1*，公设*2*和公设*3*都没有限制这个序列里的所有元素是从1过来的。这个序列走着走着有可能有别的符号加入，所以公设*4*是用来防止其他来源的符号与已定义的自然数列会合。但这样是不是有公设*4*就不需要公设*3*了呢？如果只有公设*1*、公设*2*和公设*4*，自然数还可能有这种结构：

$$\cdots\cdots a \rightarrow 1 \rightarrow 1' \rightarrow 1'' \rightarrow 1''' \rightarrow 1'''' \cdots\cdots$$

　　这个数列从莫名其妙的地方来，最终跑到莫名其妙的无穷远去。所以我们必须规定，1是唯一排在最前面的起点。

　　公设 *5*　假设对自然数 *n* 的谓词 *P*（*n*）而言，下面的（a）和（b）都成立：

　　（a）*P*（1）成立；

（b）对于任意自然数 k，$P(k)$ 成立，则 $P(k')$ 成立；

则，对于任意自然数 n，$P(n)$ 都成立。

公设 5 叙述了如何证明"对于任意自然数 n，$P(n)$ 都成立"，即我们说的数学归纳法。自然数定义中出现了数学归纳法，暗示着归纳法跟自然数的天生联系。如果自然数是有限的，只有 $1,1',1''$ 这三个，我们只要证明 $P(1)$、$P(1')$ 和 $P(1'')$ 成立，就可以证明对于所有自然数 n，$P(n)$ 都成立。然而，自然数有无穷多个，我们不可能实际调查无数个自然数。如果我们希望对自然数整体有一个评判，就需要用数学归纳法。公设 5 定义了一种机制，这种机制使局部观察到的自然数特性可以扩展到整个自然数序列里。

由这里出发，数学归纳法有两个步骤：

（a）出发点：证明命题 $P(1)$ 成立；

（b）证明对于任意自然数 k，$P(k)$ 成立，$P(k')$ 也成立。

如果能够证明（a）和（b），那么就能证明对所有自然数 n，$P(n)$ 都成立。

现在我们可以有足够的工具做基础来定义加法"+"了。

公设 *ADD1*　对于任意自然数 n，$n+1=n'$ 都成立；

公设 *ADD2*　对于任意自然数 m，n，$m+n'=(m+n)'$ 都成立。

比如：

$1 + 1' = (1 + 1)'$ 　　　公设 *ADD2* 中 $m = 1$，$n = 1$

　　　$= (1')'$ 　　　　　公设 *ADD1* 中 $n=1$

　　　$= 1''$ 　　　　　　去括号

终于，为了方便，我们定义符号 $1' = 2$，$1'' = 3$……并且我们刚刚利用加法公设 *ADD1* 和公设 *ADD2* 证明了定理 $1 + 2 = 3$，即陈述（谓词）：

$$1 + 2 = 3 \text{ 为真。}$$

噢耶！

集合定义自然数

公元前六七世纪几何学在古希腊兴起，德谟克利特（Democritus）、毕达哥拉斯（Pythagoras）、阿基米德（Archimedes）等人是其中的代表人物。欧几里得（Euclid）全面总结以前的研究成果，写成了《几何原本》一书，这本书全面总结了古希腊人对世界的理解和古希腊人的思维模式，对后世产生了不可估量的影响。这个思维模式的形成和传承比接下来两千年里的所有科学成就的总和还要大，不过人们意识到这一点却要等到文艺复兴之后了。

《几何原本》之所以重要，是因为它构造了一个完整的形式逻辑体系，成为接下来两千多年来人类对理性追求的典范。古希腊的先哲一直对逻辑有深入地探讨，主要集中在形式逻辑的演绎层面及形式逻辑和真实世界到底有何关联。欧几里得以天才的构思，总结了古希腊人的思维框架：

合理的假设—缜密的演绎—得出结论

基于这样的思维框架，公元前300年，欧几里得写了《几何原本》，作为合理的假设，他确定了五条几何的基本公设：

1. 任意两个点可以通过一条直线连接。

2. 任意线段能无限延伸成一条直线。

3. 给定任意线段，可以以其一个端点作为圆心，该线段作为半径画一个圆。

4. 所有直角都全等。

5. 若两条直线都与第三条直线相交，并且在同一边的内角之和小于两个直角，则这两条直线在这一边必定相交。

欧几里得几何是完美的理性学科的样本，把所有的学科都塑造成欧几里得几何的样子成了人类孜孜不倦地为之奋斗了几千年的梦想。然而，问题似乎还差一点点，对较真儿的人来说还有一点点不和谐：第5条公设似乎有点多余。第5条公设被称为平行公设，它似乎啰里啰唆的有点长。从它可以导出下述命题：平行线在无穷远处不相交。

这条公设能不能从其他四条公设里推导出来呢？两千多年来很多人怀疑这个公设的必要性，也试图用另外四条公设来证明它。甚至 19 世纪的数学家试图利用反证法来证明这条公设是可以从其他四条公设里推导出来的，比如假设平行线在无穷远处相交，然后证明这个假设不符合逻辑。但很快人们就发现，只由前面四条公设一起，给予不同的第 5 条公设，可以完全推导出独立于欧几里得几何的新几何学，而自然世界真的有客观事实跟这个新几何学对应。比如地球上某一区域的经线就是互相平行的线，但在南北极是相交的！同样，如果假设两条平行线越分越远，那么空间中一样可以有一个马鞍形的面，使其在无穷远处越分越远。在这些新的公设基础上，黎曼几何发展起来，并且成为爱因斯坦广义相对论中的空间弯曲的数学基础。

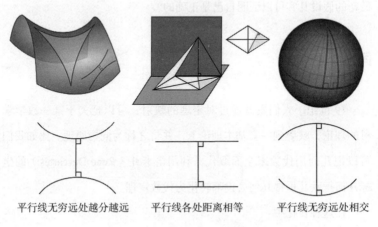

平行线无穷远处越分越远　　　平行线各处距离相等　　　平行线无穷远处相交

图 3-7　不同平行线公设下的几何

几何学公理化发展对后人产生了深远的影响：这样少的几条公设，支撑了无穷无尽的命题。而且，逻辑推演能够以确定的方式保证这些命题为真。实际上，两千多年来绝大多数学者都毫无疑问地相信欧几里得几何是关于空间的真理，即所有定理的真理性和相互间的自洽性都自动得到保证。由于这些原因，世世代代杰出的思想家，均将公设演绎而得出的几何学视为科学知识最好的典范。通过直觉，人们普遍认为数学的每一分支都能找到一组公设，从这些公设出发就足以系统地推导出在此研究领域中无穷无尽的所有真命题。但当修改其中一条公设，一样可以构建没有矛盾的但完全不同的几何体系，对完美主义者而言这绝对不是个好消息，到底哪一套才是对的？这个典范居然会依靠假设，而这假设从哪里来？它是否是可以立足的，或者这些最初的假设其实可以证明自己是正确的？

同构原理

19 世纪，人们发现通过对定理的映射，可以把关于某一数学学科的理论，映射到一套基本理论上，并将之称为同构原理。比如我们可以把几何用代数来全面取代，利用笛卡儿（Rene Descartes）的坐标几何把欧几里得几何公设都转化为代数定理。

在这种转化中：

点：被视为一对数 (x, y)；

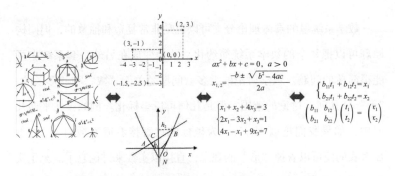

图 3-8　同构原理使得某一数学学科的理论映射到另一套基本理论上

　　直线：被视为二元一次方程 $y = ax + b$；

　　圆：被视为某种形式的二元二次方程 $R^2 = x^2 + y^2$。

图 3-9　同构原理

数学系统里的具体理论分支可以说是非常复杂和抽象的，但同构原理可以把复杂的数学系统简约化，从而变成在另外一套系统中可能很简单的问题。数学讨论的大多数问题是关于"数"和"形"的。"形"是几何学讨论的范围，但是几何可以坐标化。例如：在平面几何中，如果我们把以 (x, y) 为坐标的点直接看成实数对 (x, y)，那么我们便可以省掉"形"的观念，直接以实数来讨论它了。至于实数，理查德·狄德金（Richard Dedekind）和格奥尔格·康托（Georg Cantor）在 19 世纪中叶各引入一套实数的理论，以有理数为素材把实数建构出来，有理数 $\frac{m}{n}$ 可以想成整数对 (m, n)，其中 $n \neq 0$；若 (m', n') 为另一个这种整数对，则当 $mn' = m'n$ 时，我们把 $\frac{m}{n}$ 和 $\frac{m'}{n'}$ 看成等同，这样我们便可以用整数为素材把有理数建构出来了。至于整数，也可以用类似的方法从正整数，即自然数中建构出来。这样我们可以把整个数学建立在自然数基础之上。

更复杂些的是，通过对操作符号的规定，我们也可以把代数映射到自然数定理系统里，用自然数来代替代数。这样的策略在今天看来是很自然的事情，如果我们学习计算机原理，看到用 01 和位操作就能在计算机上执行很多事情，对这样的方法就一点也不惊奇了，而这正是图灵机所采用的策略。在自然数上如果证明了自然数系统本身的完美（我们还是暂且用"完美"这个词），它包括完备和自洽，那么别的数学学科系统也会自然地完美了。

很快，自然数所代表的初等算术系统，也可以用另外一套形式系统来充分映射和表达：人们发展了集合论（Set theory），用集合可以完全定义初等数学，由此我们只需要关心集合论是不是完美的。

　　然而这样做一样会有问题，利用同构原理我们只是把问题从一个领域转到了另外一个领域。人们总希望见到数学体系是自洽并完备的，而我们知道自洽和完备意味着理论系统的有效性和有用性。几何自洽性转移到代数自洽性的论证，无非是表明如果代数是自洽的，那么几何体系也是自洽的。但怎样证明代数的自洽性呢？这种证明只是说明了一个体系的自洽性跟另一个体系的自洽性有关，问题由一个领域移到了另外一个领域，因而不是一个对自洽性的"绝对"证明。

　　在 19 世纪中叶，康托创立了集合论。根据集合理论，当我们把一些清晰可分的在客观世界中或我们思想中的事物看成一类时，这整体便称为集合，其中的事物称为它的元素。若 x 是集合 A 的元素，我们便用 $x \in A$ 表示；若 x 不是集合 A 的元素，则以 $x \notin A$ 表示；不包含任何元素的集合叫空集，通常用符号 $\varnothing$ 表示，空集和自然数中的 0 相当。以元素 a，b，c 为元素的集合，可以用 $\{a, b, c\}$ 表示。有了这些准备以后，我们就可以把自然数的系统建立在集合论上，方法是：$0 = \varnothing$，$1 = \{0\}$，$2 = \{1, 2\}$，$3 = \{0, 1, 2\}$……如此整个算术系统进而整个数学系统就可以建立在集合论上了。

　　然而，当一切都指向数学理论大统一，理性的前程一片光明与美好的时候，20 世纪初，集合论出现了难以解决的悖论。其中最重要的一个是 1902 年罗素所提出的。罗素认为，集合也可以作为集合里的元素，有些集合可以以其本身为元素。若定义一个集合由一切不属于自身的集合所组成，那么这个集合是否包含它自己呢？用排中律衡量，一个元素或者属于某个集合，或者不属于某个集合。因此，对于一个给定集合，问此集合是否属于它自己是有确定意义的。但集合论对罗素的这个看似合理的问题的回答却陷入了两难境地。通俗来讲，它与著名的"理发师的悖论"有相通之处：某村的理发师号称给村子里所有自己不理发的人理发，问题是，理发师该不该给自己理发？

看似简单，但这样的悖论造成数学界的大地震，因为根据同构原理，整个数学系统的建构是以集合论为基础的。如果集合论里有不能解决的问题，那么其他理论里也有一样解决不了的问题，这样数学就缺乏了我们希望它应该具有的完备性，那么整个数学理论就可能需要重建了！简单的解决方案是先重建和理顺集合论的表达，这是20世纪前半叶很多数理学家都在尝试的办法。人们认为问题出在康托给集合所下的定义不够严谨，集合论必须重新出发，把集合与整数等观念看成纸上的符号，再说明哪些符号串有意义，在有意义的符号串上允许哪些变换，等等。这样便可以把各种悖论的问题同时解决。

但同时，既然罗素提出了这样一个关于在集合论内部的不可判定的问题，人们接着想到另外一些深刻而令人胆寒的问题：

数学本身是自洽的吗？也就是说，数学是否前后一致，会不会得出某个数学陈述又对又不对的结论？数学是否没有内部矛盾？

数学本身是完备的吗？也就是说，面对那些正确的数学陈述，我们是否总能找出一个证明？数学真理是否总能被证明？

数学本身是可判定的吗？也就是说，我们能否最终找到一种方法，仅仅通过机械化的计算，就能判定某个数学陈述是对是错？数学证明能否机械化？

这些问题会引来一个更为深刻的讨论，数学本身是不是客观稳定并自然存在的知识呢？那么以数学为基础的科学呢？

人类认为科学知识具有确定性、绝对性和永恒性的观念有着悠久的历史传统。欧几里得几何学曾经代表了人类认知追求确定性的不可抗拒的信仰。从古希腊确立理性主义的认知方式以来，人类总是追求具有普遍必然性的确定性知识。理性主义知识论者笛卡儿更是将数学视为科学知识的唯一范式："因为它立足于公设上的证明是无懈可击的，而且是任何权威所不能左右的。数学提供了获得必然结果以及有效地证明其结果的方法。"

随着数学对自然现象的强大无比的阐释，知识具有确定性的观念也被进一步强化了。皮埃尔·西蒙·拉普拉斯（Pierre Simon Laplace）甚至说："世界的未来是完全由它的过去决定的，而且只要掌握了这个世界在任一给定时刻的状态的数学信息，就能预测未来。"这也成为一个著名的悖论——拉普拉斯悖论。那么这一切都已经决定了的数学信息包括人类的意识吗？不管怎么说，正是由于先贤建构并确立了追求确定性知识的认识科学的思维方式并形成传统，后来的哲学家总是寻求方法来维护所获得的科学知识的普遍必然性或说确定性。直到今天，确定性依然是绝大多数人心目中"科学"之所以为科学的本质特征。这是传统知识论的主题，也是科学哲学的主题。但是哥德尔不完备定理说明，不确定性是人类认知的形式逻辑和理性思维本身固有的，即使纯粹的数学也无法彻底达到确定性。进一步说，数学概念和理论如果与人们的实际经验和科学观察相结合，会产生更大的不确定性。在任何希望做到足够严谨的知识体系中，绝对的确定性是不存在的。

第四章

伟大的聊天

可怜的哥德尔不能自证其重要性，我们只能请已经被证明重要性的爱因斯坦来证明。但有意思的是，即使做了这么多年科学，尤其是物理和数学，我也依然有很多问题不敢问，或者即使问了也未必有人会知道。在这一章我大胆地罗列出来，但愿这两个人讨论过了吧。

虽然我上一本书的书名"量子大唠嗑"显得不那么科学、严谨和认真，但唠嗑这件事情对人类来说真是无比重要。唠嗑交流的不仅是语言，还有身心，对话可以交流一部分信息，而信息的交流未必仅限于语言。当你用身心去感受，它可以是声音、气息、光和温度，是眼神和手势。当我们不再把信息局限为某种可被记录的01序列，漫无边际的唠嗑是用语言来补充这些额外的不能尽述的信息。我们喜欢亲近自然而与自然对话，由风到气息，我们在山林中与天地交互，养浩然之气；夜深人静我们也跟自己对话，回答来自内心的问题；我们与朋友交谈，与他人一起消磨时间，在与人的交往中获得身心的愉悦。

我算是一个喜欢动脑筋的人，跟智者聊天在我看来是一种福分和快乐。如果能够穿越，我一定要穿越到20世纪40年代到50年代的普林斯顿。在那时那地，整个人类史上最智慧的两个大脑，每天在一起聊天。我必然做一个可以随时插话的隐形人，一个给捣蛋鬼和他的挚友捣蛋的穿越捣蛋鬼[①]。因为我知道聊天的力量，当两个绝世高手每天切磋武功而各自回家做功课第二天接着切磋，如此往复十几年，那要把其他人类甩到哪里？这俩人到底聊些什么？

哥德尔出生于 1906 年，比出生于 1879 年的爱因斯坦小 27 岁。他出生的前一年，是爱因斯坦的奇迹年。1905 年，爱因斯坦发表了三篇论文，分别奠定了量子力学、热力学统计和相对论这三大现代物理学领域的基础。那一年他认为不太重要的工作——研究电子的光电效应，为他赢得了 1921 年的诺贝尔物理学奖。而他最得意的相对论，在被他提出很多年后人们都还表示怀疑。

就这两位绝世高手的相似点来说：他们都极其睿智；两个人都是以德语为母语，都在战前逃离了希特勒的纳粹统治；他们都在普林斯顿工作到离世。就不同点而言：哥德尔沉默寡言、悲观、孤独，有着奇怪的饮食习惯，他小心翼翼地选择食物，就像吃婴儿食品一样，他最喜欢的电影是《白雪公主和七个小矮人》；爱因斯坦活跃开朗、更加合群，喜欢小提琴和莫扎特，无论到哪里讲学，都是万人瞩目、前呼后拥的明星。

但爱因斯坦和哥德尔似乎永远在比同时期其他人更高的层面上思考问题。按爱因斯坦的话来说，他们也因此变成了"博物馆里的老物件"。爱因斯坦不接受量子理论，哥德尔相信幽灵、重生和时间旅

---

① 参见《量子大唠嗑》中的"捣蛋鬼哥德尔"。

行，并认为抽象的数学事实上与桌椅一样真实。很多同时代的科学家认为这种看法是可笑的天真。哥德尔和爱因斯坦都坚持认为，世界独立于我们的思想，但可以通过人的思维理性认知。除此之外，两个反叛者，两个革命者，摧毁了人类认知中最引以为豪的精确知识基础——物理学和数学。

智慧带给他们共同的孤独感，绝对的智慧带来绝对的孤独，他们在彼此的陪伴中找到了心灵的慰藉。

当他们在普林斯顿高级研究所工作时，爱因斯坦和哥德尔每天都会一起走路上下班。然而，居然没有一个人在他们身边听到他们的谈话。而对于我这种会把握聊天里一两句话来体会其中深意并受启发的聪明人来说，我居然不在现场！这真是时空带来的令人无法接受的遗憾。他们中的年长者，旷古烁今地代言了人类对科学的所有想象，而他们中的另外一个，迅速地被大众遗忘。年长者，就是爱因斯坦，而另一个，是哥德尔。但，被大众遗忘未必会被历史遗忘；哥德尔对人类认知和整个人类思想史的影响，直到现在都还在发酵。

哥德尔的工作事实上挑战了，或者推翻了人类从亚里士多德开始追求的绝对理性，让我们意识到人类理性的深层次边界。而相类似的界限，巧得很，也在几乎同一时期的量子力学中被看到。虽然爱因斯坦到死都认为量子力学的不确定性原理是毫无道理的，但他还是跟哥德尔成了莫逆之交，而哥德尔恰恰是以不完备定理成就了他在理性世界甚至是人类认知历史上的地位的。

自然界和自然界的真理埋藏在黑暗中，上帝说让牛顿去吧，于是牛顿带来了现代科学的光明。哥德尔似乎只在人类的文明史上昙花一现，耀眼地从夜空中划过。他的思想影响了冯·诺依曼和图灵，现代计算机从而被创造出来了。极具声望的奥地利经济学家、博弈论的创始人奥斯卡·摩根斯坦（Oskar Morgenstern）说："毫无疑问，哥德尔是在世的最伟大的逻辑学家。"1951 年 2 月，哥德尔卧病在床，美国原子弹制造计划——曼哈顿工程的总指挥尤利乌斯·奥本海默（Julius Oppenheimer）告诉主治医生："你的病人是自亚里士多德以来最伟大的逻辑学家。"在 1978 年 3 月 3 日哥德尔的追悼会上，数学家安德烈·韦伊（Andre Weil）总结说，哥德尔是两千年间唯一一个能不带炫耀地说"亚里士多德和我"的人。物理学家约翰·惠勒说道："如果你称他为亚里士多德以来最伟大的逻辑学家，你是在贬低他。"惠勒在他1974 年发表的一篇文章中就断言："即使到公元 5000 年，若宇宙仍然存在，知识也仍然放射光芒的话，人们将仍然把哥德尔的工作看成一切知识的中心。"哥德尔思想具有潜在的科学和哲学价值，它已经被引申到自然科学乃至人文科学的各个角落，为数学、逻辑、语言、人工智能、自然科学、思维科学和认识论的研究提供了有益的启示。

爱因斯坦从 1942 年起直到 1955 年去世前与哥德尔过从甚密。爱因斯坦自己认为哥德尔的工作对数学，与他的工作对物理学有同等的重要性，"因为我遇到了哥德尔，我知道了数学中确实存在着同样的东西"。爱因斯坦曾经对摩根斯坦说，在他晚年，他自己在普林斯顿高等研究院所从事的工作对他来说已经没有太大的意思，他每天坚持上班的主要动力是路上可以跟哥德尔聊天。在 1955 年爱因斯坦去世前，普林斯顿的居民会常常看到这两个人一起散步。他们对彼此的吸引力来自对各自学问和宇宙万物的深刻见解。1933 年两人第一次相遇时，年轻的哥德尔才刚刚展露他在数学界天才的一面，而爱因斯坦已经 54 岁，接近他辉煌而富有成效的职业生涯的顶点。

即使今天也不难想象当爱因斯坦出席研讨会时听众的敬畏之情，20 世纪 30 年代初识爱因斯坦的时候，哥德尔也多少有这样的态度。在给母亲的信中，哥德尔兴奋地述说他沉浸在与名人交往的荣耀中。"我到目前为止已经去过爱因斯坦家三次了，"他在 1946 年写道，"我相信他很少邀请别人到他家。"哥德尔，虽然比爱因斯坦小 27 岁，但他并没有被爱因斯坦的声誉吓倒。他毫不犹豫地挑战爱因斯坦的想法。这些挑战充满了睿智和理性，这也许是爱因斯坦认为哥德尔是他的忘年交的原因。

哥德尔的不完备定理于 1931 年发表。就像爱因斯坦在 26 岁提出相对论那样，这一年，25 岁的哥德尔重写了现代科学的基本规则。哥德尔证明，数学是不完备的，并将无法完善。无论理论系统基于什么规模的公设，都有超出命题系统范围的真实陈述，有些数学真理，即使是真的，我们也无法证实。即使将这些不可被已知系统证明的命题添加到该系统中作为进一步的假设也不能解决问题。扩展的系统也不完备，这样的不完备会不断地随着系统的扩展升级。如果爱因斯坦用他的相对论摧毁了我们关于物理世界的日常观念，他的忘年交哥德尔同样给我们的数学世界带来了类似的颠覆性影响。

在长达两千多年的历史里，数学家总以为：如果某个命题是正确的，一定可以用数学演绎的方法证明其为真；如果某个数学命题是错误的，也一定可以用数学演绎的方法证明其为假。正如法国数学家庞加莱（Jules H. Poincaré）所说："在数学中，当我们拟定了作为约定的定义和公设以后，一个命题就只能为真或为假。回答这个定理是否为真，不再需要求助于我们那些不确定的直觉，只要求助于逻辑推理即可。"

哥德尔不完备定理一举粉碎了数学家们这个长达两千多年的信念。它告诉我们，"真实"与"可证"是两个不同的概念。"可证"涉及具有可操作性的机械思维过程；而"真实"则涉及一个直觉的、主动的、无穷的思维过程。可证的一定是真实的，但真实的不一定可证的。从这个意义上说，悖论的阴影将永远伴随着我们。而很快，图灵把这一结论普遍化到了所有图灵机可解决的问题上，所有可描述算法，图灵机都可以解决，那么所有可描述算法之外的问题，都难以避免哥德尔不完备定理所限定的规则。无怪乎著名数学家外尔（Hermann Wely）发出这样的感叹："上帝是存在的，因为数学无疑是自洽的；魔鬼也是存在的，因为我们不能证明这种自洽。"

爱因斯坦是物理学的天才，他动摇了物理学的基础，彻底改变了我们理解世界的方式。哥德尔却不为公众所了解，然而，他是数学和逻辑学的天才，他动摇了数学的基础，而数学是哪怕最应用型的科学的逻辑基础。爱因斯坦辉煌一生的最后十几年里，他和哥德尔每天在一起聊天的主题是什么？关于空间和时间的抽象旅行？关于数学基础的基础？关于古典希腊神话？关于政治？关于他们的感情生活？关于其他同事？关于美国人与德国人的不同之处？没有人会确切地知道。基本上，他们只是人类中的两位喜欢交换意见的好朋友。

尽管如此，在人类科学的伟大历史中，爱因斯坦和哥德尔都傲视群雄，所以惺惺相惜，没有什么人可以站在相同高度上跟他们讨论问题。虽然他们的谈话已经永远消失在时空中，但我们依旧可以假想他们在那些漫长的散步中讨论过的话题。

话题一：量子力学

在以牛顿力学为基础的经典物理中，我们通常可以认为无穷远的事情影响无穷小而把它忽略掉。在做一个关于引力的积分的时候，我们是在从无穷远积分到另外一端的无穷远，但事实上我们心里想的是，无穷远的现象所产生的效果是非常非常小的，即使算进来也没什么差别。这样做给我们的数学处理带来了很多方便。这样的处理手段一样用在了热力学统计中，对于小概率事件，我们通常认为它对整体的影响是微乎其微的，所以当一个事件发生的概率极小的时候，我们通常会把它的影响也忽略掉。但量子力学似乎认为这样不对。这些微小的概率，似乎也不能轻易被忽略，甚至，它们才是说了算的。

　　量子力学是物理学中第一个真正涉及无穷的学问。而哥德尔思考不完备问题的落脚点，也从涉及无穷的性质的康托连续统问题（Continuum hypothesis，即有没有比自然数大但比实数小的集合）开始。爱因斯坦在 1935 年提出了著名的量子力学不完备的新挑战——尽管这之前爱因斯坦每一个挑战都是著名的，这个 1935 年的挑战在于量子力学有可能存在着违背相对论的超距作用机制。通过纠缠一对粒子，可以让这种纠缠一直跨越相对论所描述的时空限制。即使相差距离非常远，这两个粒子也可以彼此感知，并相互影响，这种影响是即时的，不需要信息传递的时间，或者说信息的传递速度可以大到无穷。这与相对论中"任何相互作用的传播速度的上限是光速"相矛盾。因此，爱因斯坦提出了以他和另外两名合作者命名的 EPR 悖论。

　　在爱因斯坦看来，量子力学的一些性质导致了这个理论存在严重的缺陷，它并没有把物理内涵中该讲的事情讲透。量子理论至少应该需要一些合理的补充，才能比较完善。在找到更完整的描述之前，量子力学是不完备的。如下的几个问题，量子力学迄今都还没有一个完善的描述。[①]

量子坍缩

　　对量子系统的测量可以导致量子系统的坍缩，由很多态的叠加状

───────────────

① 更加详细的内容请参见《量子大唠嗑》。

态，瞬间坍缩到其中一个态上，比如著名的薛定谔的猫。但是，量子力学本身缺乏合理的工具来说明坍缩过程是怎样发生的，似乎就只是瞬间。而瞬间这个概念，是经典物理学所不能接受的，怎么会有一个无穷快的、不可被观察的过程？

量子跃迁

原子的电子云会有几个轨道，电子吸收光子从而从一个低能态轨道跃迁到高能态轨道的过程是量子力学不可描述的。早期的准经典模型曾经幻想过电子可以有轨道，像行星围绕地球一样运动。然而这个模型很快被证明是不对的，电子从一个地方消失，在另外一个地方出现，是个概率性的事件，没有理论来描述它怎么从一个地方消失又怎么从另外一个地方出现，这个中间过程量子力学是不去或者说不可描述的。

量子随机

爱因斯坦最不喜欢的是量子随机性。"上帝不可能掷骰子！"爱因斯坦说，但波尔（Niels Bohr）立刻反驳说："别去指挥上帝该怎么做！"一个骰子，我们通过精确测量初始条件，充分掌握各种数据，建立对应的动力学方程，总能足够精确地描述骰子的动力学过程，从而预测骰子抛出以后所有的运动，也就知道了骰子落地后该是哪一面朝上。而量子力学说，量子力学所决定的随机是绝对的随机，没有一个更深层次的理论来告诉我们量子骰子的结果！

量子退相干

相干性是量子系统之所以被看成量子系统的原因。只有波的函数才能描述这些相干现象，就像相同颜色的光波可以相互叠加而形成干涉条纹。但这种干涉却不能被稳定地维持，观测、温度和噪声都可以使干涉条纹消失，我们称这样的过程为退相干。对于量子计算来说退相干是其关键制约因素。理论上量子计算描绘了一个伟大的蓝图，但实验中我们在面对几十个量子计算单元的时候总是举步维艰。实验越来越复杂，而保持量子相干性便越来越困难。量子退相干的机制是什么？是测量吗？是跟环境发生了新的纠缠吗？虽然我们有很多手段来描述这个过程，但其中的机制目前我们并不太清楚。

量子纠缠

爱因斯坦对量子力学的致命一击在于他提出了量子纠缠，这意味着两个纠缠的量子粒子即使相隔无穷远也可以相互影响，这个影响是超光速的！至少在他在世的时候，量子力学的多数研究者都努力回避直接应对他的这个挑战。

量子隐函数理论

这一切都引导爱因斯坦认为量子力学是不完备的。一套理论至少对以这套理论所用词汇提出的问题有确定的答案，并且能够证明这个答案，才是完备的因而有用的理论。然而量子力学对上述几个问题都没有完整的描述。迄今都没有。

所以爱因斯坦致力于寻找一套可以解释量子力学的理论，比如说隐函数理论。冯·诺依曼首先证明了隐函数理论是不存在的，量子力学就是这么任性；其后，继续努力的还有戴维·博姆（David Bohm），他建立了整套的隐函数理论，但这一切在贝尔不等式被实验证明之后都暂且成了历史。

爱因斯坦心中的这些抱怨，似乎物理学界很少有人再关心，爱因斯坦就只好唠唠叨叨地跟哥德尔说。就量子力学而言，可怜的哥德尔几乎是被爱因斯坦洗脑了的。可以想象，一个天真无辜的数学家每日耳濡目染，在一个当世瞩目的伟大的物理学家孜孜不倦地灌输下，几乎不可能对量子力学建立任何好感。

话题二：时间和相对论

是什么让童年的我和现在的我是同一个人？人类最早的关于时间的认识大概是因为人会变老。那些关于记忆的碎片拼接在一起构成了我们对时间的感受。但这有时候并不是很准确。当我们睁开眼睛，意识清醒的时候，我们可以根据身边的很多参照物，比如日光的明暗来矫正自己对时间的感受，但在梦境中，这种感受会完全不同。很多测试表明，我们的一些经历非常曲折的梦只产生在大脑活跃的几分钟甚至更短的时间内。

一小时，一旦人类精神的奇怪元素介入，就可能会延伸或缩短到其时钟长度的几倍甚至几十倍。从心理学角度来看，我们如何体验时间的这种弹性？洞中方七日，世上已千年。物理学家老是把这样的说法和相对论的例子结合起来，然而对古人而言，这何尝不是心里的真实感受。快乐的时光总是短暂的，在考虑时间的乐趣和危险时，我们不可避免地会陷入困境。无论我们在直觉上如何认识，时间是一种可变的抽象，一种和直觉相关但不受直觉左右的东西。尽管时间可能仅仅是由人类的自我属性和经验的主观塑造的，但它仍然是现实中可衡量的、可观察的。主观的时间和客观的时间之间存在着具体的裂痕，"时间是什么"依然是最让人迷失但也最迷人的问题。

20世纪现代物理学，尤其是爱因斯坦的相对论将我们对时间的直观概念转变成为客观的一部分。关于时间本质描述的不完备性，也是哥德尔和爱因斯坦所关注的。1948年，哥德尔关注到了爱因斯坦的一项伟大工作——广义相对论，并成功地从其符号的简化中得出一个新的宇宙模型（参见彩插第一页）。他通过提供广义相对论的理论核心——引力场方程的精确解来实现这一目标。这个解延续了他所有工作的特征：严谨、逻辑连贯、具有完整而令人信服的高超品位。哥德尔对引力方程的解证明了爱因斯坦理论最深刻的见解，即时间是相对的，并且时间穿越是有可能实现的。

爱因斯坦的相对论只表明传统感官意义上的时间不存在，而不是时间在任何意义上都不存在。爱因斯坦本人对时间的主张更为微妙，他认为时间的改变是一种幻觉，事物没有因为时间的推进而成为某种新东西，它也永远不会成为某种新东西，它只是存在。因此，时间就像空间，它跟空间是一致的。去香港旅游时，并没有创造一个香港。

到达香港之前这座城市一直都在那里，城市并不因为旅行者的身体迁移被创造出来。同样，对于时间，人也会通过取代自己的当下来达到未来。这些事件本来就在那，不过是时间走到了而呈现在我们面前。在爱因斯坦看来，未来的事件像空间中的物体一样真实。我们顺着时间轴走到了就看见了它们。

　　大众文化让相对论在一定程度上被曲解了。在爱因斯坦的解释中，相对论提供了一种现实主义的时间描述，它与我们头脑中产生的主观时间截然不同。在爱因斯坦的假设中距离的定义更加广泛，它变成了空间和时间同时参与的一种度量。相对论中对时间的主观体验，似乎缺乏必要的描述，毕竟时间不可阻挡地流动构成了我们的记忆，照亮我们的昨天、此刻和未来。爱因斯坦本人在向他的老朋友、物理学家米歇尔·贝索（Michele Besso）致哀悼词时，以精确的方式表达了这一观点："在离开这个陌生的世界时，他再一次站在我之前。这并不意味着什么。对于我们物理学家来说，过去、现在和未来之间的区别只是一种幻觉，尽管是一种持久的幻觉。"在爱因斯坦看来，就人的主观时间感受，我们是可以区分过去、现在和将来的。这种对时间的主观感受依赖于我们的内心世界，甚至是感情变化。客观的时间，因为它是相对论的特征，不能支持过去与现在和未来之间的区别。归根结底，这些关于时间的幻想是我们所收集的记忆中的故事所导致的直接结果，它们传达了我们称为历史的故事。从这个意义上说，它们不是绝对的，而是相对的，是我们制造的时间信念的基准线。

　　然而，爱因斯坦的相对论实际上反驳了而不是证实了人对时间的主观体验：爱因斯坦的物理学反映了时间的本质应该更简单。在爱因斯坦的时空观里，没有时间的流逝，没有从固定的过去到不确定的未来的单向流动。物理时空的时间成分与其空间成分一样。在四维时空中时间被布置和传播，时间不再是外部世界的一种属性，它至少不是普遍的"外在的世界"，而是客观世界定向运动的指南针。

话题三：关于理性主义真理

　　我的研究生第一次见我的时候，真诚地跟我说学物理是为了追求真理。我问他什么是真理，他说，真理就像数学一样，有完美的确定性。在数学中，一切都是对或错，是真或假，如果你已经确定真假，你也总能找出一个证明来证明你的判断。这让我想起来 20 世纪初人们对数学的态度。但请考虑一下：

　　　　这句话是假的。

　　这是真是假？如果这是真的，那么它是假的，所以它是假的。但如果它是假的，那么它是假的，这是错误的，所以这是真的！

　　英国哲学家和数学家罗素在这种困境中挣扎。他看到，"这句话是假的"的问题是它该声明正在谈论"自己"。如果一个句子可以避免谈论"自己",那么就可以避免这种有问题的数学挫折,即我们所说的悖论。至少罗素希望如此。他花了十多年的时间试图一砖一瓦地重建数学基础,建立一个不依赖任何直觉的数学体系,这样就没有任何砖块是不确定的了。他撰写了庞大的三卷论述《数学原理》(*Principia Mathematica*,下文谈到这本书时,也会用 *PM* 代替)。他非常小心地避免悖论,甚至不认为算术是理所当然的。直到第二卷他才开始证明 $1 + 1 = 2$。在他完成了《数学原理》之后,罗素写道,他的大脑工作机制与以前完全不同,写这本书让他的大脑受到了严重的创伤。

1931 年,25 岁的哥德尔表明,罗素做的事情完全是在浪费时间。

哥德尔不完备定理告诉我们,即使我们可以通过发现新证据来弥补真理体系的不完备,但这些新证据一样会导致另外的不完备。无论你如何仔细地建造自己的"数学之家",都必须留下一块不属于你的砖头;你的房子必须永远不完整;即使在算术中,我们也必须永远保持无知。

话说回来,一个有缺陷的真理体系,不能称之为真理体系。但哥德尔是怎么做到这一点的?

与"这句话是假的"一样,哥德尔创造了一个谈论自己的数学陈述。英语可以谈论自己,但数学可以吗?设想一下,通过将英语编码为数学。假设你为字母表中的字母分配数字:1 表示 A,2 表示 B,3

表示 C。然后你可以称呼某人不用他的名字而用一串数字，学校的学号就是这样的。数学证明也可以不使用字母表中的字母，而使用 +、≠ 和 ∞ 之类的约定好的符号。我们也可以对它们进行编码，然后将 $1 + 1 = 2$ 等数学语句描述为一个代码序列，一串代码。哥德尔所做的是创造了一个数学陈述，上面写着"代码为 42 的陈述无法证实"。但是，他的智慧在于，他这样做的方式是，代码为 42 的陈述就是"代码为 42 的陈述无法证实"。简而言之，它老老实实地在说，"这句话无法被证实"。因此，如果这句话可以被证明，那将是错误的。但如果无法被证明，那就是真的。所以，与我们所接受的知识相反，数学中也有某些陈述无法被证明是对还是错：事实上是正确的——但你无法证明这一点！

这是哥德尔的第一个不完备定理：在至少可以描述算术运算的自洽形式系统中，一定存在既不能被证实也不能被证伪的命题。

同样，哥德尔第二个不完备定理表述为：这样一个形式系统无法证明系统本身是自洽的。

哥德尔证明，一个被认为是真实的公设永远不会在其自身系统中得到证实或完善。在任何给定的系统中，至少有一个公设必须是假的或未经证实的。第二定理说，无论你的推理多么完美，你永远不能排除某个人在某个地方或者某个时间，可能会使用你的数学系统来证明 "$1 = 0$" 的可能性，理论自洽性不能在自身系统内被证明。

哥德尔不完备定理接下来彻底改变了数学，并激发了冯·诺依曼

（John Von Neumann）和图灵的灵感，让他们研制出了第一代电子计算机，用来帮助同盟国战胜纳粹。哥德尔的不完备定理向我们证明了人类的思维具有一些无法被计算机模仿的特殊性质：我们人类明明可以看到有些陈述是真的，但机器却不能。英国物理学家罗杰·彭罗斯（Roger Penrose）甚至说哥德尔的定理可以帮助我们发现一种新的物理学，它将解释意识本身的奥秘。而哥德尔显然也影响了爱因斯坦对量子力学的思考，老先生晚年的挑战就是孜孜不倦地攻击量子力学的不完备性。

哥德尔自己倒觉得他最适合与莱布尼茨为伍，是典型的柏拉图理性主义信仰者。经典意义上的"理性主义"被定义为知识可以从默认真理与推导中得到，而与人的感觉、体会等因素无关。理性主义受到自然科学进步的影响，试图将数学的方法论应用于广泛的哲学研究中，从而使历来众说纷纭、各执一词的哲学获得如科学一样的精确性，这样做甚至可以消弭存在了几千年的物质与意识孰为第一性的争论。理性主义试图制定真理系统的理性原则，从中可以演绎出关于外在对象的可靠的知识；它强调理性的认知能力，这种能力既是先验的，又是本质的。理性主义者相信哲学是独立于超自然启示的逻辑；他们认为感性经验作为获得知识的途径毫无价值可言，唯有理性能够使哲学变得像自然科学一样精确。

爱因斯坦和哥德尔是柏拉图理性主义的坚定信仰者，这应该是两个无话不谈的莫逆之交的信仰基础。虽然，他们的工作都意味着经典的理性主义存在着重大问题，他们甚至扮演了经典理性主义的掘墓人的角色，但他们并不相信自己是这样的，甚至没有意识到这一点。

1951 年，在爱因斯坦亲自授予哥德尔第一届爱因斯坦勋章时，冯·诺依曼说："哥德尔在现代逻辑方面的成就是无与伦比的、不朽的——确实，它们不只是一座纪念碑，而且是一座其意义由于受时间、空间的限制还未显现的里程碑。"

图 4-1　爱因斯坦亲自授予哥德尔第一届爱因斯坦勋章

哥德尔的一生

哥德尔是一位杰出的数学家和哲学家，他的不完备定理使他成为他那个时代最重要的数学家之一。哥德尔 1906 年出生于奥匈帝国的 Brünn，现在是捷克的布尔诺。哥德尔 6 岁患过风湿热，他认为自己从未完全康复过。他成人以后性格偏执，容易焦虑，有时候会莫名其妙地沮丧，一生中经历了几次严重的神经衰弱，并因此住进医院。18 岁时，他开始在维也纳大学攻读理论物理、数学和哲学。20 世纪 20 年代的维也纳是一个蓬勃发展的新思想圣地。哥德尔被一群著名的思想家包围着，这些思想家组成了维也纳学派。在维也纳学派的一位领导人汉斯·哈恩（Hans Hahn）的指导下，哥德尔在 23 岁时完成了他的博士论文。尽管哥德尔在维也纳学派中表现出色，但他从未觉得自己适应维也纳圈子，部分原因是他的有神论信仰与维也纳学派实证主义的流行观念相冲突。实证主义者认为唯一真正的知识是可以凭经验证明的。除了为上帝的存在寻找"证据"之外，哥德尔，这个来自希特勒统治下的奥地利难民甚至发现了一种方式，能够使美国人在遵守美国宪法的前提下，依然有可能让自己的国家从民主制度沦为法西斯式的独裁统治。"你知道，哥德尔真的疯了，"爱因斯坦告诉他的一位朋友，"他投票给艾森豪威尔！"

　　不完备定理的证明使哥德尔迅速闻名于世。1933 年开始他在世界各地进行数学讲座，这一年他在美国第一次见到了爱因斯坦。两人从此建立了亲密的友谊，一直持续到 1955 年爱因斯坦去世。然而，旅行也让哥德尔的心理状况变得越来越不稳定。1938 年，当纳粹德国吞并奥地利时，他患上了严重的抑郁症，几乎没有回到奥地利讲课。由于无法获得维也纳大学的教职并有可能应征入伍，哥德尔与他的女友阿黛尔·林伯斯基（Adele Nimbursky），一名舞蹈艺术工作者结婚，并一同前往美国。爱因斯坦热忱地把他推荐给普林斯顿大学，在那里哥德尔开始在高等研究院任教。

整个 20 世纪 40 年代，哥德尔在普林斯顿定居并继续发展他的数学理论。他于 1947 年成为美国公民，最终在 1953 年成为一名正教授。20 世纪 50 年代开始哥德尔将注意力从数学转向哲学，发表了几篇关于柏拉图主义和它对数学系统信念影响的论文。虽然他的哲学观点从未像他的数学定理那样被广泛接受，但哥德尔仍然是一位备受尊敬的数学教授。尽管他的职业生涯很成功，但哥德尔的心理健康似乎一直是个问题。在他生命的最后几年，他的偏执情绪继续增长。他怀疑有人试图在他的食物里投毒来害他，这是否跟图灵的死有关就不得而知了。总之，他吃的任何东西都要他妻子阿黛尔先试吃，否则他宁可饿着肚子。当阿黛尔在 1977 年生病并且不得不住院 6 个月时，哥德尔就拒绝吃任何东西。实际上他把自己饿死了。他于 1978 年 1 月 14 日因营养不良在普林斯顿去世，死的时候体重只有三十多公斤。

第五章

哥德尔不完备定理

　　每个人都会有这样那样神奇的想法，真正的困难在于怎样把把握这些想法来证明它们是有效的或者有用的。哥德尔的神奇在于他从一个两千年前人们就知道的悖论出发，用理性工具本身证明了理性工具的不理性。这太精彩了。中文的书籍里面我又找不到特别好的叙述，于是我忍不住在这一章介绍了两三种证明它的方法，权且表达对人类智慧的敬意。

众所周知，数学朝着更为精确方向的发展，导致大部分数学分支的形式化工作已经完成。人们只用少数几个机械规则就能证明任何定理，因此人们可能猜测这些公设和推理规则足以使形式系统能够对可以表达出来的任何数学问题进行判定。我将证明情况并非如此。

——哥德尔

哥德尔不完备定理指出，若形式系统是自洽的，则此系统必定是不完备的。也就是说在这个系统中一定会存在至少一个有意义的命题，既不能用系统中的公设和推理规则加以证实，又不能用系统中的公设和推理规则加以证伪，即成为不可判定的命题。哥德尔第二不完备定理则说，上述形式系统本身的自洽性在这个体系内部也是不可判定的。

理性的知识系统

形式系统：一个完整的符合逻辑规则的理论系统包括一系列无须证明的公设和依照同样无须证明的推演规则得出来的命题。这些公设、推演和命题构成了本书所说的形式系统（关于形式系统的定义在前面已经讲过了，为了加深印象混个脸熟，这里再讲一遍）。接下来，当我们用到"证明"这个词的时候，我们指的是证实，即被证为"真"。

自洽：一个形式系统中自身不能有矛盾。我们给出一个陈述，这个陈述能够被推导而证明是"真"，它的反面，虽然也是个有效陈述，不能也被证明是真的。这里我们回避用"对的""正确的"等似乎等效的词，我知道这样会让行文略显呆板枯燥，但为了准确，这点无聊在这里是值得的。以下，我们仅用"真"这个字来代表这些概念。而对应于"假"，同样也不用"错的""不对的"等似乎等效的词。

完备：完备性在于对于一个可做有效推演的形式系统总能对一个陈述给出符合推演规则的判断：或证实、或证伪。这跟我们的经验是一致的。我们在学校里学习的数学，从算式题到证明题，都是把一个命题要么计算出来结果，要么证明它是真的。我们可以轻易地写出一个算式的结果，因为我们知道证明这一结果是轻而易举的平常事。例如 $1 + 1 = 2$，根据自然数的公设，我们是可以证明它的。我们能直接写出计算结果只是我们对这一证明规则非常熟悉。这里 $1 + 1 = 2$ 就是一个命题，证明这个命题我们认为是不费吹灰之力的，而且大多数人相信这个证明简单到根本不需要多说，不证自明。

三角形的内角和是 180° 。这个命题在欧几里得几何中是真的，是可以从几何的基本公设中推演出来的，因此是一个定理。这是我们学习和建立一个知识体系的基本诉求，我们总希望用这个知识体系所规定的基本公设中给出的词汇，组织成一个新的陈述，这个陈述在这个学科体系中是可以通过公设来证明的。而这些公设应该越少越好，但至少要丰富到它能够覆盖我们想知道的内容，我们可以用这套公设系统来表达知识体系内的概念和命题。

　　一个公设系统下任意的陈述可以通过逻辑推演被证明，或者它的反命题可以被证明，我们就说这个系统是完备的。完备性满足了知识系统有用性的要求，而自洽性强调了知识系统的有效性。值得注意的是，这里讨论到完备性，我们并没有要求命题是符合实际的真的，它只要能够按照逻辑规则并可以从基础假设中被推导出来就好。当我们深入了解哥德尔不完备定理的时候，我们就知道"真实"和"可证"之间是有根本差别的。

终极理性的梦想

　　为什么逻辑演算能得到正确的命题？答案其实很简单。为了探索世界，我们需要判断命题的真假。因此我们构造了一套工具来满足我们对探求正确结果的需求，它可以保证我们从真命题必然推出真命题，我们称这一套工具为逻辑体系。正是因为我们希望逻辑体系是可靠的，所以我们才去定义了这个可靠的逻辑体系。这看起来像是狡辩，因为要让它有用所以设计了一个有用的工具，所以它有用。然而就有类似的人择宇宙学原理，为什么我们这个宇宙中的物理规律是这样的？因为只有这样的宇宙才能产生问这个问题的人。

自古希腊时期开始，数学这一知识形式就得到哲学家的尊崇。欧几里得的几何原理、毕达哥拉斯的勾股定理，无不是从当时的数学家和哲学家所认为的真实世界中被观察到的。但真实的世界为什么会展现出数学之美，历史上常常有人将其归因于宗教意义上的必然：上帝创造了这样的规则。17世纪的思想家们则将这一尊崇推到极致。且不说这些人个个都是顶呱呱的数学研究者，代表性的思想还在于，他们把数学归入了上帝法则之列。如此，通过建立古希腊时代之后的新数学，他们就可以自动跻身为上帝派来的解密者。对于欧几里得的学说，牛顿和他的追随者们既做了良好的继承，又发展出了更为复杂全面的体系，直接将数学内化为物理世界的建筑工具。通过引进参考系，伽利略（Galileo Galilei）推翻了亚里士多德的运动观念；开普勒从精美却错得不能再错的本环行星轨道和地心模型开始，通过第谷的观测数据推出行星运行三大定律；笛卡儿几乎神奇地统一了丢番图（Diophantus）的代数和欧几里得的平面几何学；芝诺（Zeno）那个关于无限的悖论通过牛顿和莱布尼茨发明的微积分成为可运算的实在规则。这时万有引力定律的推导水到渠成，它被成功地用于解释天体运行，接下来的两百年里都很好用。这些创举孕育了18世纪到20世纪初的自然科学。

从17世纪开始一直到1930年，整个数学界是非常乐观的：数学是建立在集合论和数理逻辑两块基石之上的。康托的连续统假设，即判定有理数的无穷多和无理数的无穷多之间是否有介于这两者之间的无穷多，这个时候仍然是悬案。不过大数学家希尔伯特多次觉得自己已接近解决这个难题，数学学科的前景是光明的；大部分数学可以建立在谓词演算的基础上，即形式系统的推演上。谓词演算的公设系统已经被证明是自洽的，尽管其完备性仍有待证明；整个数学的基本理论是自然数的算术和实数理论，它们都已经形式化。这些理论系统应该是自洽的、完备的。如果这一点能够得证，则集合论公理系统也能得到同样的结果，那么整个数学就牢靠了。

但细心的人对数学的客观性表示怀疑。似乎作为逻辑的高阶形式，数学依赖于公设，而公设的变化会带来不同的描述方式，我们面对的自然界并不依赖于我们采用哪一种描述方式，似乎每一种都可以，只是哪一种比较方便而简洁。

同构映射也是这个时代数学的重要进展。人们发现一个数学范畴内对象之间的关系，可以被证明在另外一个范畴的对象之间也成立。以乔治·布尔（George Boole）为代表的 19 世纪的数学家成功地使代数"算术化"了，并证明数学分析中的各种概念均可用数论术语（依据整数及其运算）来唯一定义。事实上这也不是遥不可及的，我们可以把 $\sqrt{-1}$ 这样的虚数定义为整数的有序对（0，1），并对它实施某种加法和乘法运算并且定义一些操作规则，它就可以完整地表达虚数的所有性质。我们也可以把 $\sqrt{2}$ 定义为一个有理数的类，例如所有平方小于 2 的有理数组成的类。利用映射的同构原理，我们可以把几何用代数来描述，用无理数和有理数来代替代数，再归纳到自然数，数学的不同领域可以通过同构来对应，而只要证明了其中任何一个系统的完备和自洽，其他系统也自然而然地被证明了。而自然数又可以通过对集合的论述来定义。因此，集合本身的性质成了整个数学界的基石。

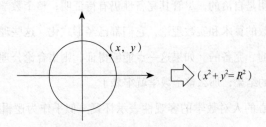

图 5-1　同构映射

举例来说，与用代数公式表示空间中曲线和曲面之间错综复杂的几何关系，要比直接处理这些关系更容易一样，处理复杂逻辑关系的算术对应，要比直接对付这些逻辑关系要容易些。由此，可以去构架一套描述这套关系的数学体系，它独立于任何具体的数学内容，它是用来描述数学的数学，称之为元数学。我们会看到，哥德尔也利用了这个方式，把逻辑推演变成合理的算术问题，用算术形式来演算关于算术的元数学问题。在这个基础上，如果关于算术形式系统的复杂的元数学命题能够被翻译成在这个系统内的算术命题的话，将大大有助于元数学本身自洽性和完备性的证明。

映射是个不难理解的事情，建立事物和事物之间某种对应关系，作为一种方法被我们在各种场合不严谨但广泛地应用着。语言是我们对自然界和自己思维的映射。我们用"猫"这个字代替了自然界中对应的动物，对于它的陈述让我们理解猫在自然界的状态，而不是把猫抓来做演示。我们同样设计了棋类游戏，比方说象棋，被用来推演军事战争，或纯粹是游戏，但"帅""士""兵"被用来标记不同棋子的重要性，这些重要性也同样可以用1、2、3等数字来标记。但严格意义上的映射却不那么容易获得。当我们用映射的方式来证明某类问题的时候，要严格地证明映射的对应关系，而不是凭着名词词义的类似就借用过来作为证明的依据，这往往构成论证的错误。比如我们谈"上善若水"时，并没有论证"善"和"水"的映射关系，仅凭某类特点的相似，是推不出其他延伸的结论的。我们往往混淆了修辞和论证的关系，这个例子里的比喻论证不是论证，只是一种修辞手法而已。而我劝读者能少用就少用，尤其在一些相对严格的文体中，比喻的使用会带来大量的不经意的逻辑混乱。同构映射在19世纪取得了重大进展，很多不同分支的数学领域都被证明是可以同构映射的。这样在一个数学分支中找到的规律，在与它同构的数学分支中就存在同样的规律。数学家常常只是选择证明起来会更方便的那个分支而已。

理性的典范：算术

数学可以还原为算术，而算术可归结为皮亚诺系统的几条公设。我们重复一下前面介绍过的皮亚诺算术系统的几条公设：

公设 *1*　1是自然数；

公设 *2*　对于任意自然数 n，其后继数 n' 都是自然数；

公设 *3*　对于任意自然数 n，$n' \neq 1$ 都成立；

公设 *4*　对于任意自然数 m，n，若 $m' = n'$，则 $m = n$；

公设 *5*　假设对自然数 n 的谓词 $P(n)$ 而言，下面的（a）和（b）都成立。

（a）$P(1)$ 成立；

（b）对于任意自然数 k，$P(k)$ 成立，则 $P(k')$ 成立；

则，对于任意自然数 n，$P(n)$ 都成立。

在这基础上，我们可以将自然数集合扩充成整数、有理数、实数，可以定义加、减、乘、除、幂指、对数运算等。比如：

加法的定义：（1）$m + 0 = m$；（2）$m + n' = (m + n)'$；

乘法的定义：（1）$m \times 0 = 0$；（2）$m \times n' = m \times n + m$。

重申了自然数的定义之后，我们尝试用集合构造算术：这里用符号 ∪ 表示并集，原来的集合加上一个新的集合。如果读者不记得什么是集合，我们稍稍多说两句。集合，是对象的总称。比如自然数的集合 {0，1，2，3……}，不同的版本中会规定 0 是不是自然数，我们不管它，这里把 0 作为自然数。一个学校所有年级的集合 { 一年级、二年级…… }，等等，这些构成了集合的基础。我们甚至可以从集合里来定义自然数。

空集是没有任何元素的集合，即 { }，又记作 ∅。

我们在集合上也定义后继运算：$m' \cup \{m\}$。

用集合定义自然数：

$0 = \emptyset$

$1 = \{0\}$

$2 = 1 \cup \{1\} = \{0, 1\}$

$3 = 2 \cup \{2\} = \{0, 1, 2\}$

$4 = 3 \cup \{3\} = \{0, 1, 2, 3\}$

……

将 < 定义为：$m < n$ 为 $m \in n$，即 m 是 n 的子集。所以，$0 < 1 < 2 < 3 < \cdots\cdots$

在集合论中有这样一条公设：所有的自然数形成一个集合。

在集合论中可以证明，这样定义的自然数满足皮亚诺的五条公设。既然数学可以还原为算术，算术可以还原为集合，那么我们说数学可以还原为集合。

上面用集合定义自然数，相当于是给不同的集合取名字。空集 ∅ 的名字是 0，空集的集合 {∅} 的名字是 1。并不是说 1 和 {∅} 两者真的相等，否则会产生问题，1 = {0} 怎么会成立呢？左边是一个数而右边是一个集合？

集合构造算术的关键在于，这样构造出来的集合，刚好满足皮亚诺公设。所以我们研究集合，就可以弄清算术的性质。这种构造方法并不是唯一的，只要它们满足皮亚诺公设就行。弗雷格（Friedrich L. G. Frege）把逻辑形式化为集合论的一部分，在集合论对数学的大统一上做出了卓越的贡献。事实上我们看到一种希望——通过集合来统一数学的理论体系。

就在弗雷格要把他关于集合论的恢宏巨著付印的前一天，他收到了来自英国的数学家罗素的一封信。罗素一直关注着弗雷格的研究。但这封信充满了历史的黑色幽默，如果对一个数学家来说还能笑得出来的话。这封信里，罗素提出集合的一个悖论，它使弗雷格利用集合论建立起来的算术、代数、几何等数学大厦的根基发生动摇。用弗雷格的话说："突然数学大厦的基石崩塌了。"他发现，自己忙了很久得出的一系列结果被这条悖论搅得一团糟。他只能在自己著作的末尾写道："一个科学家所碰到的最倒霉的事，莫过于是在他的工作即将完成时却发现所干的工作的根本依据崩溃了。"

罗素在给弗雷格的信里写道：

> 亲爱的战友：
>
> 我完全同意您的观点，您所论证和讨论的问题的重要性是很多逻辑学家的工作都无法比拟的。
>
> 我就有一个小小的困惑想向您讨教，考虑那个不包含任何元素的集合，它是否包含自己呢？

例如，如果以所有集合为元素组成的集合 U，便符合 $U \in U$ 的条件。但一般的集合，例如北京大学的所有同学的集合 V，便不是它本身的元素 $V \notin V$。现在我们用 A 表示所有不以本身为元素的集合所成的集合，即若 $x \in A$，则 x 是一个集合，且 $x \notin x$，现在我们问 $A \in A$ 是否成立？即 A 是否包含它自己。若 $A \in A$，则 A 具有 A 的元素的性质，A 就是 A 的元素，但 A 明明是所有不以本身为元素的集合，这与 A 的定义矛盾；反之，若 $A \notin A$，则 A 不具有 A 的元素的性质，因此 A 符合 A 的定义，它是不包含它自己的集合，即 $A \in A$ 成立，这也是矛盾的。但 $A \in A$ 和 $A \notin A$ 二者之一必成立，所以矛盾是躲不掉的，这样就形成了悖论。

罗素本人并没有把包袱丢给弗雷格，他接下来花了十几年时间来研究这个问题，写了厚厚的三大本《数学原理》，试图绕开这个逻辑悖论。数理学家、哲学家约翰·凯梅尼（John Kemeny）后来说罗素的《数学原理》是一本"被每个哲学家谈论，而实际上又无人读过的伟大著作"。罗素希望绕开悖论的策略大致是这样的：我们可以定义不同层次的语义和逻辑规则，通过控制这些语义和逻辑规则，有可能划分出来一条清晰的渠道，来避免自指问题的发生。即，通过严格的语义和语法的层次分割来避免发生陈述指向自己的情况。

关于数学的本质，罗素有一个著名的论断：纯数学是这样一门学科，在其中我们并不知道我们在谈论什么，或者我们不知道我们所谈论的是否是真的。这精辟的评论直接切入希尔伯特伟大工程的核心——为全部数学构建一个纯语法的框架。希尔伯特受到刺激的主要原因是，他感觉到，类似于罗素悖论中的核心问题，是由于陈述中悖论性的语义内容所导致的。希尔伯特相信，根除在数学中出现这种悖论的办法，就是建立一种实质上无意义的元数学框架，我们在其中可以谈数学陈述的真或假。这样的框架构成了数学的形式系统，也构成了数学中研究"什么是可证明的"与"什么实际上是真的"这两者之间的鸿沟的历史性起点。基于对完美形式系统的期望，希尔伯特开始了他的伟大工作。希尔伯特的数学终极理性是这样的：

  1. 将整个数学体系严格形式化；

  2. 用元数学来证明整个数学体系是建立在牢不可破的坚实基础上。

除去罗素的怀疑，元数学系统已经可以完全形式化：将系统内的所有表达式的意义都抽掉，把它们视为空洞的符号，按照事先规定的一组规则，对这些符号进行操作。这样我们就可以构建一个本身没有任何意义的符号系统来演算或者推演。这套符号系统的所有含义都由我们外部加以定义。这件事情其实并不抽象，考虑一台计算机，那么计算机的制造者并不关心我们拿这台计算机来做什么，写文章、编程序、打游戏还是看电影。他们只是按照已经设计好的规则来做芯片，焊接电路，把零件组装在一起，再安装一套操作软件。计算机本身就可以看作是这套元数学符号演算规则在物理世界的体现。因此具体实施的步骤也有了：

1. 将所有数学内容形式化，用确定而唯一的符号表达，彻底摆脱自然语言的模糊。

2. 证明数学的完备性，我们能够证明所有的真理，只要是真的命题就可以被证明。

3. 证明数学的自洽性，数学本身不会自相矛盾，确保我们在不违背逻辑的前提下获得的结果是有意义的，不会出现某一个陈述，它既是真的又是假的。

4. 数学的可判定性，我们可以找到一个算法，自动地、机械地判定数学陈述的对错。

在这个大背景下，罗素的《数学原理》提供了一套全面的符号系统，借助于这套符号，所有的纯数学命题（特别是数论命题）都可以用一种标准的方式来表示；同时《数学原理》明确了数学证明所用的大多数形式推理规则。

语义和语法

亚里士多德的逻辑学有两个支柱：不经证明而被看作真的前提或公设；保证从一个真陈述变换为另一个真陈述所使用的推理规则。我们以古典逻辑中的亚里士多德三段论为例说明，这样的结构也常常被称为大前提、小前提和结论。

> 大前提：所有人都要上学。
>
> 小前提：小明是个人。
>
> 结论：小明要上学。

在这里，大前提和小前提被设想为关于人、关于上不上学和关于一个特定的人——小明的真陈述。从大前提、小前提到结论的得出，这中间利用了由亚里士多德概括的演绎推理律中的一个，"如果所有 X 都是 Y，且 Z 是一个 X，那么 Z 是一个 Y"。只要我们可以确信前提为真，那么小明要去上学这个结论就是牢靠的。确定性来自前提的语义内容，来自我们的心智所确定的演绎过程。

但是，我们看下面这个例子：

> 证明：亚里士多德是工作。

这是严格按照三段论推导出来的结果：

> 1. 亚里士多德是哲学家。
> 2. 哲学家是工作。

3. 所以，亚里士多德是工作。

上面这个结论恐怕连亚里士多德本人也不会认同。

这个推论中蕴含了语义悖论。因为语句 1 中的"哲学家"和语句 2 中的"哲学家"不在一个语义层次上，前者是对象概念，后者是词汇的元概念。两个前提内涵不一致，结论就荒谬了。这种逻辑错误很多时候会将我们带入类似于"理发师悖论"。比如当我们谈到"这句话是错的"的时候，我们显然是在两个层次上谈论。从语义和语法的角度区分，能不能回避因为混淆这两个层次的概念而造成的自己指向自己的悖论呢？造成逻辑悖论的所有情况，都是类似于它们以所谓的自指概念为基础。一个典型的例子是"说谎者悖论"（Liar's paradox）：

克里特岛的一位居民说："克里特岛上所有的人都说谎。"

"这句话是错的"，这个陈述中包含了真的概念。但我们会看到，哥德尔事实上证明了真概念不可能在正被谈及"真"的那个形式系统的界限内被加以把握。

首先，我们定义一下要用的名词，用普通数学语言来描述的直觉算术（intuitive arithmetic，以下称为 IA），IA 里的陈述句表达有关算术性质的真伪，它有确定的语义的意义，真实表达了某一算术的概念和性质。

接下来是算术的形式推演系统，在哥德尔的推演中，他使用了罗素在《数学原理》中定义的纯语法系统，系统中给定一组公设和明确的推演规则，通过这组公设和规则，可以决定哪些句式是定理，这称之为形式算术（formal arithmetic，以下称为 FA），FA 的陈述没有具体的语义，它本身并不代表性质意义上的真伪。

当 IA 和 FA 一一对应的时候，FA 就被赋予具体的含义，FA 的符号会被赋予对应于 IA 的算术性质。我们也可以把直觉算术 IA 描述为目标性表述，形式算术 FA 理解为方法与形式的描述。FA 被设计成 IA 的镜像。如果一切依计划，FA 中的数字符号和 IA 中的数字会有一一对应的关系，而且 IA 中为真的陈述句和 FA 中的定理也会有确实的对应。简言之，FA 是用来表示 IA 的。

《数学原理》里的公式原来只是无意义的字符串，无关真假，能够用演绎规则从公设和其他定理推演出来的陈述，被称为定理，这个过程称为形式证明。将一些符号解释成逻辑关系，赋予公设真值，一些公式便有了逻辑的含义，它们被称为命题，定理便是逻辑上为真的命题。将 FA 的符号解释为算术符号，哥德尔用正式证明前的 46 条定义和预备定理，建立起元数学真理和算术命题的对应关系，因此赋予了这些公式的数学含义。元数学是在（数学原理）上层谈论公式的性质和关系的语言。

第三种语言或理论是形式算术的后设理论，也就是用来清楚地说出 FA 的语法规则和证明理论的语言和理论：这个语言成为超形式数学，是描述形式算术的形式算术（metatheory of formal arithmetic，以下称为 MFA）。换句话说，如果 FA 是机器，MFA 就是它的操作手册。MFA 是用来说明 FA 这台机器是如何运作的。和 IA 一样，MFA 也是由具有意义的陈述句组成的，其中的陈述句皆可依照它的意义来判断真伪。MFA 规定 FA 中哪些语句是良性句式（well formed formula，以下称为 WFF），也就是哪些陈述句满足构建句式的规则，也同时规定了 FA 的证明是什么意思。

希尔伯特的一个洞见对哥德尔的证明具有相当大的启发。希尔伯特意识到数学分支的每一个形式化本身便是一个数学对象。在此以前，哥德尔已经发现可以通过使用自然数本身来镜像反映有关自然数之间关系的所有陈述。这是相当关键的一步，它使对象自己述说自己成为可能。

哥德尔发现 FA 不但可以用来表示 IA，同时也可以代表 MFA。他利用现在被称为后设数学的算术化（arithmetization of metamathematics）的革命性方式，证明 IA 可以代表 MFA。但如果 FA 可以代表 IA，那么也可经由 MFA 在 IA 中解读的方式来代表 MFA。因此 FA 可以代表它自己的后设理论。接下来就是构建一个 FA 中的语式，该陈述同时在 IA 和 MFA 两种语言中有两种意义。哥德尔找到了这样的陈述，可以同时在 FA 中为不可证并直观上在 IA 和 MFA 中为真。这个陈述可以在 FA 中证明为不可证，但又在 IA 中代表一个为真的有关自然数的陈述句，同时又在 MFA 中成为有关它自己的不可证明为真的陈述句。哥德尔的第一步工作，就是证明 FA 可以用来代表 IA。这部分工作事实上被皮亚诺公设系统完成了，即一套适用于数论基础的严格逻辑规则。第二步需要证明 FA 可以表示 MFA。通过哥德尔所用的配数方法，哥德尔首先系统地将 FA 中的基本符号编号，接着证明如何以序列的基本符号，也就是陈述，对应到自然数，不同的序列因此会有不同的编号。接着就可以为一序列的陈述来编号，一个证明就是一序列的陈述，因此也可以将证明对应到自然数。

真概念不可能在正被谈及"真"的那个形式系统的界限内被加以把握，为了避开永远难以捉摸的真与假的概念，哥德尔意识到应该用某种可以形式化的东西来代替"真"，这就是"可证性"的概念。于是，哥德尔利用他的编码方案，通过 46 条引理来编码上述悖论，并将其翻译成：

这个陈述是不可证的。

这被称为哥德尔陈述，我们用 G–S 来代替。哥德尔的思路是：对于每一个形式系统，总可以构造出一个从系统外来看是真的，但在系统内却不能判定的陈述 G–S。接下来我们讨论一下这个论断的逻辑结果：

如果哥德尔陈述 G–S 是可证的，由于陈述 G–S 是真的，根据论断，它不可证。因此，在这个系统中，陈述 G–S 和它的否定都成立，所以，这个系统是不自洽的。

如果哥德尔陈述 G–S 是不可证的，由于陈述 G–S 是真的，但是不可证，所以系统中至少有一个命题，它是真的，但其正确性无法被系统已知的定理证明，所以，这个系统是不完备的。

于是哥德尔得出了"对于算术的任何自洽的形式化系统，都存在着在该形式系统内不可证明的算术真理"这一惊人的结论。

让我们试图用通俗（不太严格）的说法来理解哥德尔的不完备定理，以及他的证明方式。

首先将哥德尔的两个不完备定理翻译成通俗语言：

1. 一个算术系统，要么自相矛盾，要么总能得出一些包括在该系统中但无法判断真伪的结论；

2. 不可能在一个算术系统内部，证明此系统没有自相矛盾的。

哥德尔用"可证性"概念代替"真"的概念，然后把悖论"这句话是错的"拓展为论断"这个陈述是不可证的"。进而证明语句"这个陈述是不可证的"有一个算术的对应陈述，即在算术形式化中有一个自然数对应为哥德尔陈述 G–S。在此基础上，他需要做的证明就变成了：

1. 不完备性：证明如果该形式系统是自洽的，则此哥德尔陈述必定是真的，但它陈述了自己不可证。

2. 不完备性附则：证明即使补充的公设加进来构成了新的系统，使得这个陈述 G–S 在其中可证，含有补充公设的新系统仍有它自己的不可证的哥德尔陈述。

3. 自洽性：构造一个算术陈述，它断定"算术是自洽的"。证明这个算术陈述是不可证的，故此证明，算术作为一个形式系统不足以证明自己的自洽性。

接下来 FA 还有所谓形式正确（well formed）的要求，以及更重要的，由一个字符序列组成的陈述是否能构成证明的问题。哥德尔证明的是，要完整描述 FA 语法所有的必要概念和函数，包括形式正确的语句和证明，都对应到 IA 中一些特定的递归函数。直观上来说，所谓的递归函数就是可以用机械方式计算的函数。这类函数也可以严谨地用数学的语言来刻画其特性。

哥德尔证明了 FA 中 MFA 的基本概念或证明理论，可以对应到 IA 中某些特定的递归函数。在证明 FA 可以表示 IA 的过程中，哥德尔证明 IA 中的任何递归函数，都可以在 FA 中表示出来。说得更明确些，如果在 IA 中有关于某一递归函数的真实叙述，就会有一个 FA 定理为其对应的陈述句。一旦他成功证明 MFA 中的基本函数，若以数字来编码会产生递归函数，就可以得到 MFA，正如 IA 一般，可以在 FA 中表示。以算术的方式编码处于不同语义层次的逻辑表达式是哥德尔得出不完备定理的重要一步。哥德尔发明的这种方式可以使用算术语言本身对算术中的所有可能的陈述进行编码，通过自然数本身来镜像反映有关自然数之间关系的所有陈述，即算术既可作为被解释的数学对象，又可作为谈论自身的未被解释的形式系统。在形式系统内部构造一个命题，又表明它在系统中不可判定，哥德尔由此推出自洽性在系统自身中的不可证。

通过哥德尔配数，哥德尔把 FA 的语法算术化了，因此有关 FA 的语法事实，可以对应到 IA 总有一个有关自然数的事实。这样一来，哥德尔证明了 FA 中的理论可以同时代表 IA 中有关算术的事实，以及通过哥德尔配数代表 MFA 语法的事实。也就是说，FA 中的定理，将可以代表 IA 中的一个数学真理，而该定理本身通过哥德尔配数可以代表有关 FA 的语法真理。如此，哥德尔成功地证明了 FA 本身虽然是一个没有意义的形式化符号系统，却可以通过一语双关的方式被赋予两种不同的意义，以确保其可用来同时表示数论和语法，这里的语法指的是 FA 本身的证明理论。换言之，通过自然数，FA 中的陈述句可以表示 FA 本身。

哥德尔接下来居然证明了算术是数学复杂性的分水岭。

哥德尔特意声明，他的结果的根本点不在于任何形式系统都无法包罗全部数学。这一点从康托的对角线法已经能得出了，他并未排除数学的某些相当强的子系统具有完备性的可能。相反，哥德尔的结果的根本点在于每一个既含加法又含乘法的数学形式系统都包含一些颇为简单的命题，可以在该形式系统中被表达出来，但不可判定。

哥德尔的定理说，如果一个形式系统是：

1. 有限大的；

2.足够大以包括算术逻辑；

3.自洽的；

则它是不完备的。

算术结构在哥德尔不完备定理的证明中起着核心作用。数字的特殊属性，例如任何数字都可以作因式分解，表达为一些质因数的乘积（例如"$130 = 2 \times 5 \times 13$"），哥德尔考虑用一种方法来建立数学性质和关于这些性质的陈述之间的对应关系。他成功的证明了像"说谎者悖论"这样的自然语言陈述悖论可以像自然数一样嵌入描述数学性质系统所用的语言结构中。只要足够丰富的逻辑系统包括算术就不得不包容这些悖论。要是我们选择了一个理论，该理论仅包括前十个数字（0，1，2，3，4，5，6，7，8，9），这个阉割版的算术可以是完备的。它一样可以生成有关个别数字的陈述，如加法和乘法运算。欧几里得几何只描述连续的点、线和面，一般来说，它不能包含所有算术的逻辑。因此欧几里得几何是可以完备的，同样，非欧几里得几何也是完备的。如果我们有一个逻辑理论处理只使用这个概念的数字"大于"，没有提到任何具体的数字，那么它将是完备的：我们可以判定关于仅涉及的实数大小关系的陈述的正确与否。

"小于"算术的系统的另一个例子是没有加法而只有乘法操作。这叫作 Presburger 算术（皮尔斯伯格算术）。它是个完备的算术版本，但是是"阉割"过的版本，即如果有加法就不能有乘除法。起初这听起来很奇怪，我们在日常中遇到的乘法只不过是作为加法的简写方式（例如"$2+2+2+2+2+2=2\times6$"），但是算术的完备逻辑系统存在逻辑量词，如"存在""任何"，乘法允许结构不仅仅是等价的一连串的加法的简单补充。

Presburger 算术是完备的：所有关于添加自然数的陈述数字可以证明或反驳；所有正确的命题都可以从公设中得到。同样，如果我们创建另一个"阉割"版本的算术，没有加法但保留乘法，这也是完备的。只要加法和乘法同时存在，不完备性就会出现。延伸系统通过向基本操作添加指数等进一步额外操作也不会带来结构性上的任何区别，不完备性仍然存在。

哥德尔不完备定理的证明

接下来的内容会比较有难度，但为了表达对哥德尔的敬意，我们重新走一下那个奇妙而又幽默的智者走的路，当然，你也可以赤裸裸地跳过，知道结果就好。

哥德尔证明不完备定理的四个步骤如下：

1. 先考虑相对比较容易的数论的自洽性问题；

2. 发现数论中的真理在数论中不能定义，这与数论取自哪个形式公设系统无关；

　　3.从真实性转向可证性，构造了一个不可判定论断；

　　4.发现完备性陈述自身也是不可判定的。

　　哥德尔那20页的著名证明极为紧凑，它有46个预备定义，另外还要证明5条预备定理，才开始正式的证明：构造一个既为真但是在所考虑的形式系统内部又不能证明的算术命题。虽然哥德尔的原始证明晦涩难懂，但他的策略却极为简单，一个离自相矛盾如此接近但并不是自相矛盾的证明，不是证明"这句话是错的"，而是去证明一个为真却不可被证明的算术命题，"这个陈述在这个形式系统中不可证明为真"。哥德尔的聪明之处在于，他把每个人都知道的两千多年前就被提出来的逻辑问题，巧妙地变成了一个算术问题。

　　"这个陈述在这个系统中不可证明为真"与"这句话是错的"，二者有着本质的区别。"这个陈述在这个系统中不可证明为真"（我们称之为哥德尔陈述，用符号 $G\text{-}S$ 来代替），即" $G\text{-}S$ 在这个系统中不可证明为真"， $G\text{-}S$ 是一个有着确定真值的句子，它"真"，只不过它不可证明为真。而"这句话是错的"，没有确定的真值。这样 $G\text{-}S$ 的否命题就是" $G\text{-}S$ 在这个系统中是可证明为真的"

　　如果 $G\text{-}S$ 在这个系统中可证明为真，那么它的否命题"这个陈述在这个系统中可证"就是真的，因为它陈述的就是这件事。它是真的。那么 $G\text{-}S$ 就是假的，因为当一个命题的否命题是真的，它本身就是假的。因此，我们要求一个系统是自洽的，因为不自洽的系统可以推出任何结论。G–S 就是这样一个陈述，如果可证明它为真的证明存在，它就不得不既是真的又是假的，这与系统自洽的要求矛盾。为了维护系统的自洽性，我们只能放弃对 G–S 的真实性证明的存在这一要求，即，G–S 不可证明为真，或者说，不存在对 G–S 的证明。这正是哥德尔的结论，如果我们要求系统是自洽的，在系统中就存在可以表述为真却不可以证明为真的命题。并且 G–S 有直接的算术意义，如果系统是自洽的，那么哥德尔的证明表明算术真理在算术的形式系统中不可证。对算术系统而言，它要不不自洽，要不不完备，总存在某些真理，无法被证明。

问题并没有停留在这里，哥德尔同样表明，即使把 G–S 当作公理加入系统，来试图通过"无须证明"挽救系统不完备的时候，这样会产生一个新的、扩展过的形式系统，那么在这个系统中一样可以构造出 G–S 的对应陈述，它为真，但不可证。结论是，在任何即使包含算术这样简单形式的系统中，如果系统是自洽的，没有矛盾，那么就一定存在不可证但为真的命题。一个有丰富内容的逻辑系统，不能既自洽又完备。

这个结论看起来很神奇，我们尝试着探索一下它的细节，这应该是本书最艰难的部分，但是值得我们以朝圣的心态，重新来一遍。

第一步：构建一个形式逻辑系统

哥德尔的大量陈述是基于罗素的《数学原理》，所以他先用了

WFF，WFF 指有效陈述，被用来指代符合形式逻辑的陈述，即从公设出发，通过逻辑推导得出来的陈述。为了简化逻辑推导，罗素和他之前的数学家们把逻辑推导简化成几个基本概念以及相应的符号。比如，"陈述 P 和陈述 Q 为真"，可以等同于"陈述 P 为假或陈述 Q 为假"不对。

$$命题：(x)(x')[s(x)=s(x') \rightarrow (x=x')]$$

上面这个命题就是一个有效陈述 WFF，它表明如果两个数有同样的后继，那么它们就是同一个数。它读作：任何 x 和任何 x'，当 x 的后继等于 x' 的后继，那么 $x = x'$。这里符号"( )"代表了"任何"这个概念。

第二步：哥德尔配数

哥德尔发明了一套算术方法，自动给形式系统中的每一个命题配一个独一无二的数。对一个有效陈述 WFF，它的哥德尔配数表述为 GN（WFF）。在今天看起来这一点都不难理解，我们可以给每一个汉字配一个数来代表这个汉字。1980 年，为了使每一个汉字有一个全国统一的代码，我国颁布了第一个汉字编码的国家标准：GB2312–20。在这个标准中"清华"可以用"3969 2710"来代表。

罗素的形式系统中包含各种类型的对象：字母表中的符号、符号组成的有效陈述 WFF 以及 WFF 的特定序列（证明），这一切都建立在这个字母表的基本符号上，*WFF* 是这些符号的序列，证明又是 *WFF* 的序列。哥德尔配数从给字母表中每一个基本符号指定一个数开始，根据规则给每一个 *WFF* 指定一个数字，继而可以给 *WFF* 所组成的证明序列一个数字。这样，一旦给每一个 *WFF* 都指定了一个数字，我们只需要分析命题的相应配数之间的算术关系就能分析命题之间的关系。反过来也一样。比如说，如果两个 *WFF* 的哥德尔配数正好以某种方式的算术关系相关，则一个 *WFF* 就是另外一个 *WFF* 的推论。换句话说，算术描述——阐述形式系统内可以表达的数之间的关系；元语句——阐述系统内 *WFF* 之间的逻辑关系，这两个不同类型的描述在哥德尔配数的帮助下是同构映射的。这里这些元语句是纯粹语法式的，因为它们纯粹是形式系统的语法，即推导规则。

哥德尔配数规则同时确保同一个哥德尔配数不会被指配给不同的对象，不会发生一个数字既指向某个 *WFF*（命题），又同时指向一个 *WFF* 的序列（证明），任何一个 *WFF* 或 *WFF* 的序列都指向唯一的哥德尔数。给定一个哥德尔数，我们可以知道它代表着系统中的哪一个有效命题。它还保证了一个进一步的条件，由系统中 *WFF* 之间的逻辑关系翻译出来的算术命题同样是一个有效的命题。

举例来说，一个命题 *WFF2*，它对应的哥德尔数为 $GN(WFF2)$，如果它可以由有效陈述 *WFF1*——对应哥德尔数为 $GN(WFF1)$——推导出来，那么 $GN(WFF1)$ 就是 $GN(WFF2)$ 的一个因子。这时我们可以用两种方式来表达这个证明：我们可以依据形式规则从 *WFF1* 开

始推导出 *WFF2*，我们也可以证明 *GN*（*WFF1*）同某一个整数相乘可以得到 *GN*（*WFF2*）。假设 *GN*（*WFF2*）= 22865389，而 *GN*（*WFF1*）= 3119，那么 *GN*（*WFF2*）= *GN*（*WFF1*）× 7331，*WFF2* 就是 *WFF1* 的一个推论，当然，这里 7331 也应该是一个有效命题的哥德尔数。

这样，哥德尔实现了元语法和算术的相互重叠。一旦有了这种逻辑含义和算术关系的重叠，命题的可证性这个元语法关系将成为一个算术关系，一组 *WFF* 将是某种算术关系的属性，只有可证明的 *WFF*（命题）才能具有某种算术演算的属性，不可证的命题，即使它是有效命题也不能具有这种算术属性。

表 5-1　基本逻辑符号的哥德尔配数（简化版）

符号	哥德尔数	意义
~	1	非
∨	2	或
⊃	3	如果……那么……
∃	4	存在
=	5	等于
0	6	零
S	7	后继
(	8	标点符号
)	9	标点符号

首先考虑逻辑公式：

$$(\exists x)(x = Sy)$$

它的意义是：存在着一个数 x，它是数 y 的直接后继。其中 x、y 是两个数值变量，用大于 10 的质数来表示；令 $x = 11$，$y = 13$；再用表中相应数字来替换逻辑公式中的其他符号。这样一来，逻辑公式 $(\exists x)(x = Sy)$ 经过编码，成为数的序列：

$$[\,8,\ 4,\ 11,\ 9,\ 8,\ 11,\ 5,\ 7,\ 13,\ 9\,]$$

这个序列唯一地确定了逻辑公式 $(\exists x)(x = Sy)$，这些数称为哥德尔数。因为算术是研究数的性质的，所以我们希望用一种更明确的单个的数来表达这个公式。根据算术基本定理，我们知道，所有的自然数都可以唯一地分解成质数的乘积，即：

$$N = 2^{r_1} \times 3^{r_2} \times 5^{r_3} \cdots\cdots \times p^{r_s}$$

于是，哥德尔取质数中的前 10 个质数（逻辑公式经过编码后由 10 个数表示），对每一个质数，求其在公式中所对应成分的哥德尔数次幂。这样，逻辑公式就定义为下面的数：

$$(\exists x)(x = Sy) \Longrightarrow 2^8 \times 3^4 \times 5^{11} \times 7^9 \times 11^8 \times 13^{11} \times 17^5 \times 19^7 \times 23^{13} \times 29^9$$

所得的积就是逻辑公式 $(\exists x)(x = Sy)$ 最终的哥德尔数，大概等于 1.4567×10^{86}。虽然这个数字非常大，但它总是存在的。

第三步：构造一个命题，它为真是因为它说它不可证明为真

$Pr(x)$ 是一个关于数的属性。形式系统中所有 WFF 都通过哥德尔配数被赋予了一个数，对于每个有效陈述 p，都有 $GN(p)$ 的自然数与之对应。对于这其中的可证明为定理的有效陈述，定义 $n = GN(p)$，

这时 $Pr(n)$ 为真（即数字 n 对应的陈述 P 是 provable，可证的）。这对应的就是在说，有这个自然数 n，作为哥德尔配数，它对应于一个定理 p，因为 p 是可证明为真的。所以 $Pr(x)$ 只有两个值，或为真，或为假。换句话说：

$$Pr\left[GN(p)\right]$$ 当且仅当 p 可证。

这句话的意思是，当且仅当陈述 p 是可证的，对应 p 陈述的哥德尔数具有 Pr 的性质，或者说这个哥德尔数的 Pr 值为真。

那么如果我们定义这样一个数的属性 $\widetilde{Pr}(x)$，它是 $Pr(x)$ 的反命题。它为真的时候，对应于命题 x 不是一个定理，换句话说，就是：

$$\widetilde{Pr}\left[GN(p)\right]$$ 当且仅当 p 不可证。

这句话的意思是，当且仅当 p 是个不可证的有效命题，对应 p 陈述的哥德尔数 $\widetilde{Pr}$ 为真，即哥德尔的不可证性为真。哥德尔先证明了一条对角线引理，我们这里直接引用这条引理。对角线引理声称，对于任意单变量命题函数 $F(x)$，都存在一个数 n 使得 $F(n)$ 的哥德尔配数正好就是 n 本身。既然对角线引理对于任意命题 $F(x)$ 都成立，我们自然可以定义 $F(x)=\widetilde{Pr}(x)$。这样，我们引入一个数 g，它应用 $F(x)=\widetilde{Pr}(x)$ 这个函数的对角线引理得出，$g=GN\left[\widetilde{Pr}(g)\right]$。这个公式宣称 g 是陈述 g 不具有 Pr 属性命题的哥德尔数。由于哥德尔配数，我们要记得 g 其实也是一个很大的自然数。那么 g 是哪个命题的哥德尔配数呢？这个命题是 $\widetilde{Pr}(g)$，我们用 G 来代表这个命题，

它在说 g 不具有可证的属性，即 $g = GN$（G），考虑：

$$\widetilde{Pr}\,[\,GN\,(p)\,]$$ 当且仅当 p 不可证。

其实这里可以让 $p = G$ 代入，即：

$$\widetilde{Pr}\,(g)$$ 当且仅当 G 不可证。

这句话的意思是，当且仅当 G 是个不可证的有效命题，对应 G 陈述的哥德尔数 g 具有 $\widetilde{Pr}$ 的性质，或者说这个哥德尔数 $\widetilde{Pr}$（g）为真。也就是 G 为真当且仅当 G 不可证。

哥德尔展示的不仅在我们所讨论的算术形式系统中，而且也在所有包含了算术的形式系统中如何构造一个为真但又不可证的命题。因此，如果我们想扩展 G 为公设，构造一个新的形式系统，一个新的类似命题又可以从那个系统中构造出来。这样下去，直到任何数量的有限条公设被列入都不能最终解决这个问题。在任何包含了算术规则的形式系统中，只要系统是自洽的，总存在不可证但为真的命题。

这就是哥德尔第一不完备定理。

定理 1　形式系统如果是自洽的则是不完备的。

换句话说，哥德尔第一不完备定理是说，如果算术的形式系统是自洽的，那么就存在命题 G 为真但不可证。

这句话分为两部分：一是条件，如果算术的形式系统是自洽的；二是结论，存在命题 G 为真但不可证。但如果算术形式的自洽性可以被证明，那么这句话本身就是结论的证明，所以"如果"这个条件是不成立的。因此算术的形式系统的自洽性在这个系统中是不可被证明的。

这就是哥德尔第二不完备定理。

定理2　形式系统不能证明自身的自洽性。

G 是不可证明的事实，说明元数学描写 G 的命题是真，它对应着这命题 G 的含义为真。《数学原理》里一个表达真理的命题 G，不能在《数学原理》里被证明，说明《数学原理》是不完备的。

是不是在《数学原理》里加上这个不可判定的命题作为公设，系统扩张后就可以让它完备起来？哥德尔说，这也不可能！即使加上新的公设，按照相同的逻辑，还可以证明有新的不可判定的命题，这让公设化的原始设想完全落空。该命题简单的推论是：数论里有无穷多个真理不能用数论里的公设和定理来证明。不断引进数论外的定理后，总是还有不能用形式逻辑证明的数论真理。

不幸的是，自洽是不可能在形式系统中得到证明的。系统自洽性的要求是系统里的一个命题和它的否定命题不能同时是定理，这是数学系统无矛盾性的要求。如果不是这样，在系统里就可以证明任何命题都成立。所以"自洽性"等价于要求"系统存在着一个命题，它是不可证明的"。

对角线证明法

我们换一种程序员更加熟悉的证明方式，这里不需要引入哥德尔的对角线引理，但用到了类似的证明思路。即使是我们认为严格的证明，也存在大量没有明确表述出来的推演规则，而我们通常认为这些是默认的真理（共识）而无须证明，它们这是显而易见的。为了明确，我们重新定义一下要用到的名词。

逻辑术语

定义：一个证明系统是自洽的，如果在这个系统中的陈述，S 或者其反命题 $\tilde{S}$ 可以被证明，但我们事实上并没有要求这个推导出来的陈述为真。

定义：一个形式系统是完备的，如果为真的命题可以在这个系统中被证明，我们没有要求所有为真的命题或陈述都能被证明。

哥德尔不完备定理：不存在一个证明形式系统，同时满足自洽和完备。回顾一下我们前面提到的问题，怎样构成一个形式化证明？

一个形式化证明系统 Π 包括以下 3 个要素：

1. 有限的可用于证明的词汇组
2. 有限的公设

3. 有限的推演规则

"足够丰富"，指形式系统可以对任何 x 的值做出判定。

定义：如果一个命题系统里，f 可以确定为真命题或假命题，那么这个系统就是我们说的足够丰富。

定义：我们使用 $\mathbb{Q}$ 来代表这样一个方程集合——输入任意正整数，通过计算，输出结果是 0 或 1。这样如果一个方程 f 是属于 $\mathbb{Q}$ 的，任何一个正整数 x 输入到 $f(x)$，都会得到 0 或 1。

定义：可计算。方程 f 是可计算的，也就是说如果可以用计算机语言（python、c 语言等等）写出一个有限长的程序，在一个可以执行的计算设备上（比如个人计算机或者云中心）计算 f。这样，给定任意的正整数 x，程序总能在有限时间内运行完毕，给出结果 $f(x)$。

定义：$\mathbb{A}$ 是 $\mathbb{Q}$ 中所有可计算方程 f 的集合。

我们很容易证明 $\mathbb{A}$ 中的方程是无穷多的。比如，我们定义第一个方程，这个方程在 $x=1$ 的时候，$f(x)$ 等于 1，输入其他数的时候等于 0。即：

$$f(1)=1;\ f(x)=0,\ x \neq 1$$

我们同样可以定义第二个方程，在 $x=2$ 的时候等于 1，其他输入等于 0，即：

$$f(2)=1;\ f(x)=0,\ x \neq 2$$

因为自然数有无穷多个，这样定义的方程也会有无穷多个。

我们接下来证明这样的一个定理，即 Q 里存在不可计算方程，即可计算方程的集合 A 是方程集合 Q 的严格子集。即 A 比 Q 要小，总有些方程是可以有确定结果，但不是一个可计算方程。

证明

在任何形式系统中，只要某种证明存在，就总有找到对应该证明的算法。由于我们必须假定该系统是以某种符号语言来表达的，而这种语言又是按照符号的某些有限"字母"来表达的。我们把符号串以字典的方式编序。这表示对于固定的串的长度按字母编序，先取所有串长为 1 的，然后取串长为 2 的，串长为 3 的等。这样我们就把所有正确建立起来的证明按照这个字典方案进行编序。我们有了证明的列表，就有了该形式系统里的所有定理的列表。

我们总可以对可计算方程，写出来它的计算步骤，再按照写这些步骤的文档的字母顺序把这些文档排列起来。这样我们就可以首先对集合 A 里所有的方程排一个顺序。具体来说，我们这样做：写计算机程序时，我们常用分割符来表示一行的结束。这并不妨碍我们把整个程序当成一个字符串。这样，比如用某一个程序语言编写的程序 P_f 是用来计算可计算方程 f 所对应的程序，这个程序 P_f 是有限长度的字符串。我们依据长度把所有的表示 P_f 的字符串排起来，当字符串长度相同的时候，我们依据它们的字母顺序来排序。这很像编一本字典，先按照单词的长度排序，单词长度相同的时候，我们依照它们的字母顺序来排。于是我们就有了一本所有可计算程序的字典 L。每一个可计算程序都会在这个字典 L 中有一个确定的位置。当然也有可能某个可计算方程 f 可以对应几个不同的程序 P_{f1}，P_{f2}……，我们只保留在这个序列中的第一个 P_f，由于方程和程序之间实质上是对应的，我们会看到一个就足够了。一个方程可以有多个方程来表达，我们只选其中一个。f 可以由多个 P_f 来表达，这在布置计算机课的作业的时可以看到。同一道编程题学生可以交来不同的程序，变量用的符号都可以不一样，但这些程序本身是等效的，我们只保留其中最短的字母排序最靠前的一个来作为列表的程序 P_f。

依据这本字典，我们就可以把输入值和程序列在一起，形成一个足够大的表，如表 5–2 所示。

表 5–2

	1	2	3	4	5	·	x	·	i	……
f_1	1	1	0	0	0		$f_1(x)$			
f_2	0	0	1	0	0		$f_2(x)$			
f_3	1	1	0	0	1		$f_3(x)$			
f_4	0	0	1	1	0		$f_4(x)$			
f_5	0	1	0	0	0		$f_5(x)$			

	1	2	3	4	5	·	x	·	i	……
⋮										
f_i									$f_i(i)$	
⋮										

我们现在可以定义一个方程 $\overline{f}$：

$$\overline{f} = 1 - f_i(i)$$

$\overline{f}$ 也可以把确定的正整数输入输出为确定的 0 或 1，所以它是 $\mathbb{Q}$ 中的一员。依据上表，$\overline{f}(1) = 0$，$\overline{f}(2) = 1$，$\overline{f}(3) = 1$，$\overline{f}(4) = 0$……

那么，$\overline{f}$ 是一个可计算方程吗？

答案是否定的，$\overline{f}$ 不是一个可计算方程。

如果 f 是一个可计算方程，那它应该已经在表 5–2 里了，因为我们把所有的可计算方程列在了表 5–2 里。假设 $\overline{f}$ 在第 j 行，这样 $\overline{f}(x)$ $= f_j(x)$，比如是在第 107 行，则 $j = 107$，但是 $\overline{f}(107) = 1 - f_{107}(107)$ $\neq f_{107}(107)$，所以 $\overline{f}$ 不是在第 107 行。同样的，对于 $\overline{f}(j) = 1 - f_j(j)$ $\neq f_j(j)$，当输入相同的时候，$\overline{f}$ 和 f_j 至少有一个输出是不一样的，$\overline{f}$ 也不在任意一行。因此，在表 5–2 里面，没有一行对应于 $\overline{f}$ 这个方程，

所以 $\bar{f}$ 不是可计算方程 $\mathbb{A}$ 中的一员，但它确实是 $\mathbb{Q}$ 中的一员，因此，$\mathbb{A}$ 是 $\mathbb{Q}$ 的子集。

这样我们就会看到，确实我们可以定义一个方程，它有确定的含义和输入输出，但是是不可计算的。

现在我们证明哥德尔的第一不完备定理：在系统 Π 中，存在真实的命题，但不能被证明。

我们再来补充定义我们说"真"和"假"时的含义。

我们把一个陈述称为 f 陈述，对于任何一个正整数输入值 x ，如果它可以表达为 "f 是 1" 或 "f 是 0"，每一个 f 陈述都是一个关于某一整数的判定。比如 $f(107)=1$ 就是一个 f 陈述，x 的值是 107。这样对于任何正整数输入值，f 陈述只有两个值，0 或 1。因为两个陈述都指的是同一个输入值，我们说第一个是 f 陈述 Sf，第二个是反 f 陈述，$\widetilde{S}f$。

现在我们可以定义"真"了。

我们说如果 f 等于 1，那么这个关于 f 的陈述 Sf 是真的，它的反对面 $\widetilde{S}f$ 就是假的。同样，如果 f 等于 0，那么 $\widetilde{S}f$ 是真的，而 Sf 就是假的。这样，对于任何一个输入值 x ，陈述 Sf 和 $\widetilde{S}f$ 总有一个是真的，另外一个是假的。在这个有效证明体系中，不可能证明一个假命题是对的。

形式系统足够丰富：任何 f 的命题可以被确定陈述。我们这里用到确定陈述，不一定指的是被证明或者被证伪，只是说它应该有个确定的值，即这个形式系统是足够丰富的。我们将来会看到这一点非常重要。

假设系统 Π 是一个足够丰富的形式证明系统，并且：

A. 任何假的命题不能被证明；

B. 任何真的 Sf 命题，都存在一个属于系统 Π 的证明序列，来证明 Sf 是真的。

因为系统 Π 足够丰富，任何整数 x，都会有 Sf 和 $\widetilde{S}f$ 的陈述，而且只有一个是对的，A 和 B 意味着总有一个有限的证明序列，证明 Sf 或 $\widetilde{S}f$ 是真的。即这个证明序列本身就可以作为一个确定的程序，在有限的时间内结束，给出一个确定的结果，因此它是可计算的。但这与我们之前证明的 f 是不可计算的矛盾。具体来说，如果两个假设 A 和 B 都是真的，我们可以设计这样一个程序来决定 $f(x)$ 的值。

具体来说，我们就可以设计一个计算机程序 P，在这个程序里，$\bar{f}$ 在有限时间内可以被计算出来。即，对于输入值 x，程序 P 可以在有限时间里输出 0 或 1。我们可以有一个 P'，来检测输出值是否符合 $1-f(x)$，如果符合，就是一个被证明正确的命题；如果不是，我们同样可以设计一个 P''，来检测否定，这样我们就设计了一个程序，它在有限时间内能够计算 $\bar{f}$，而且它是一个有限长的程序，但我们刚刚证明了 $\bar{f}$ 是不可计算的，与前面的证明相悖，因此刚才的假设 A 或 B 不同时成立。

因此我们说，对于任何一个足够丰富的形式系统 Π，如果它自洽的话，总存在正确的陈述在这个体系内不能被证明。类似的说法，在一个自洽的系统里，一定存在对于自然数来说，命题的正与反都不可证。

我们也证明了图灵的不停机问题，即不存在一个超级程序能判定其他程序是否可以在有限时间内结束。

和前一节的讨论有类似的推论，我们一样有了哥德尔第二不完备定理：

图5-2　一个系统自洽性的证明需要引入另外的假设，但这个新引入的假设一样需要新的假设来证明其自洽性

如果一个系统是足够丰富和自洽的，它的自洽性不能在系统内部被证明。如果要证明系统 Π 是自洽的，需要引入另外的一个形式证明 Π'，但 Π' 的自洽性也不能在它内部证明。

第六章

哥德尔问题的延伸

真理存在，真理存续。哥德尔不完备定理解释了为什么我们总需要感性部分的存在，总有些直觉的认知无法被理性取代。这些感性的认知成就了我们人之所以为人的重要性。

《数学原理》是这一打击的第一个牺牲品，但绝不是最后一个。哥德尔那篇论文的标题中的"及有关系统"这几个字，蕴含着丰富的潜在内容。简而言之，哥德尔展示了：无论涉及什么公理系统，可证性总是比真理性弱。

——侯世达（Douglas R. Hofstadter）

哥德尔的不完备定理有几种等价的数学说法：

1. 任何自洽的数学形式系统都包含不可判定命题。

2. 没有数学形式系统既是自洽的又是完备的。

3. 没有定理证明机器（或机器程序）能够证明数学中所有的真命题。

4. 数学是算法上（机械上）不可穷尽的。

希尔伯特和罗素和他们之前的几代人希望把数学搞成一个形式化系统，希望所有的猜想都能从逻辑出发加以判定，希望所有事情迟早在"意料之中"等等，这些希望最终由哥德尔判定为数学家的痴心妄想。数学的神奇之处在于它扎根于人类的观察、直觉和灵感，但数学不等于逻辑，数学成果也并不总是能从公设开始通过逻辑推演出来。哥德尔不完备定理同时表明，数学存在无穷多个有确切答案的问题，不能利用任何公设化程序找到它们的解；它们并不，也不能对应于任何形式系统中的定理。这些问题的答案是不可计算的，而且也不能归结为其他数学事实。这里推广爱因斯坦关于上帝掷骰子的名言：上帝恐怕不仅仅是在量子力学中玩骰子，他甚至在数学中也玩了骰子。这对数学家而言是个可悲的结论，他们努力了一生的某个数学猜想的证明可能根本不存在，但也可能是无穷美好的结论，它把实验物理学家对数学家的"纯想象的"鄙视消除了，数学也是发现自然潜在规律的工具，它联结了人脑的直觉和自然规律。

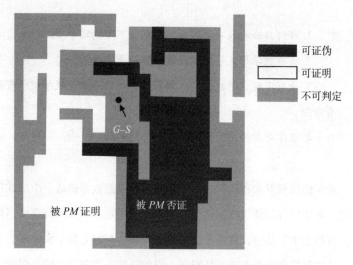

可证伪

可证明

不可判定

被 *PM* 证明　　被 *PM* 否证

G–S

图 6-1　知识空间中的哥德尔不完备定理

那么能不能证明一个更普遍的不完备定理？把哥德尔不完备定理推广到所有通常的事物里？对此，哥德尔曾经做出一个他认为合理的表述：一个完美规划的社会（即处处按完美的法则行事的社会），就其行为而言或者是不自洽的，或者是不完备的。即这个社会一定有一些问题是无解的，这些问题有可能极其重要，甚至会危及整个社会。这个说法也适用于个体的人，事事讲究原则的人一定有无法讲原则之处。

真理不能被语言描述

维特根斯坦（Ludwig Wittgenstein）研究语言得出结论：语言不能把握世界上存在的全部东西。"只可意会，不可言传"，哥德尔的工作给出了这句话的数学形式。从本质上说，哥德尔所证明的是，无论任何语言，即使是数学语言，都不足以彻底、完全地表达日常的"真"的概念。用语言学的术语说，就是语法无论多么丰富都不能完全取代语义。即使在纯数学这样内容简洁的领域，形式逻辑的操作也永远不能告诉我们数学的每一个特性。而我们必须记住算术是关于数本身的，而不仅仅是关于算术规则的。

用语言来完成人类彼此间的沟通，除了需要共同的认知基础，也不能脱离人对外部世界的感知。这些感知包括视觉对外部的成像，听觉对声音的辨识，以及人对历史和环境的认识。否则语言就会被无穷诠释，变成无限矫情的胡搅蛮缠的文字游戏。但要注意的是，这种胡搅蛮缠是逻辑上允许的，并不是我们所说的无理取闹，它事实上就是一个可以无限延伸下去的合法讨论。

一个办法是把人类的自然语言抽象为"信息"，这时我们稍微严肃认真地讨论一下"信息"这个概念，这要从香农（Claude Shannon）的信息论开始。人们利用有限数据来传达信息，首先追求的不是高效的传输，而是这些数据对所传输信息的可靠表达。

1948 年贝尔实验室的香农提出信息论来刻画信息通信过程中的数学模型。在信息传递的基本过程中，甲首先把信息以特定的规则编码，这在物理设备上比较容易实施；针对有很多噪声的信息通道，可以加些冗余编码来降低传输过程中产生的错误；收到代码序列之后乙再通过特定规则来解码，这样乙就得到了这条消息。

在这个通信过程之中有两个基本的假设：

假设 1 双方共享一个编解码的规则，即共同的密码本。

假设 2 双方有共享或公有的常识。

香农的通信理论关心密码本的建立，首先要回答这几个问题：

1. 甲要想一下：乙是否与甲有一个共同的认知模型？否则，即使完成了解码，乙也有可能因为不能领会里面的内容而产生误解。那么发信息的时候，甲的措辞要尽量减少可能的误解。

2. 甲还应该要想一下：为什么要发这个信息？乙是不是已经知道了？乙是否关注这个信息？乙爱不爱听？听后有什么反应？这一句话说出去有什么后果？

3. 乙要想一下：我为什么要收这个信息？甲发给我是什么意图？

我们脑海中有关于某个事情的概念，我们便可以毫不费力地思考它，通过直觉来判断它的对错，至少是对我们自己大脑内部的对错，但我们可能不能简单地在大脑里通过逻辑推理和语言来描述它。近代由于牛顿力学的发展让人产生了一种经典意义上的关于思维和语言关系的观点：人类通过语言来思考，但我们现在知道这样的观点混淆了语言和语义之间的差别。我们大脑可以把握语义，但当我们要用语言的规则把它表述出来的时候，事实上，我们不得不承认我们忽略了很多概念，很多思维的细节，或者本来延伸着的语义的内容。但我们也不担心这一点，我们自然而然地、天真地认为我们的听众能够理解我们的言下之意，而事实上他们也真的可以做到这一点。这真是一个神奇的过程。

英国人喜欢茶歇，喝茶的时候可以海阔天空地聊天。我即使到现在也不能完全融入他们所有的闲聊中。语言的交错中，我可以完全置身事外。不过问题是一样的，当我们几个中国人在一起说到"林黛玉"时，对我们而言，那是一个非常丰富的文化符号，我们都明白她的身世、情感、性格和价值观，这就轮到其他很多不同文化背景的人置身事外了。

　　我们的大脑里有了这样一个概念：林妹妹。我们通过语言的编码机制，喉舌和口腔，来振动空气，把我们希望表达的信息编码成一个有振幅和频率振动的序列。这个振动的序列，可以通过空气，也可以通过电波，传到接收的一端。通过耳朵里的鼓膜，再转化为听骨的振动，这些振动牵动了对应的肌肉和连接着的神经，通过某种神奇的翻译机制，转化为我们所理解的那个"林妹妹"。这个神奇的翻译机制，也许不仅仅是大数据，而是某种尚未完全认知的模式组织起来的公有知识或者数据库，即我们所说的共识。同样的一个振动和频率的序列，在一个不懂中文，或者只能勉强用基本中文交流的人那里，就不会产生共鸣。这似乎和这个人所掌握的知识，至少是语言方面的知识相关，但我们一样有一种神奇的检索信息的截断能力，知道这些知识应该在哪里被终止引申，到哪里就已经足够了。这似乎又可以与下一章将要谈到的图灵不停机问题对照起来，在某种意义上，"我们"可以通过"直觉"适可而止地知道哪里是我们在逻辑之外的满足，而逻辑本身并不能提供这种满足，人可以知道怎样获得沟通意义上的满足。但它也不总灵，否则的话就不会有误解存在。这些感受是在认知层面的，是在编码之外的。因此，通信理论就只管发送，就像以前电报大楼的发报员，收钱发报，他们丝毫不需要在乎发报的动机、内容和后果。

　　相比照，动物之间也一样有丰富的交流的方式，除了发声，它们很多还借助于肢体和触角的动作。人的对话也不一定通过说话，手语、眼神和肢体同样可以传递很多信息。在有声语言产生之前，人类就已经有了十分丰富的认知基础。没有这样的认知基础，语言是空洞的符号，沟通交流和唠嗑也不能发生。

　　人们因此有一种沟通上的困境：到底要多少数据才能准确地表达我们真实的想法而不产生歧义？怎么说话才不会引起误解？到现在，读者应该可以理解，一个没有歧义的语言系统可能是不存在的。但我们人类有办法来弥补这一点，我们总会在效率和可靠性之间进行平衡。语言的冗余部分看似是废话，但它们的存在降低了误会的发生，提高了沟通的容错能力。如果一句话说不清楚，没事，我们可以多说两句。

　　我在北大前后待了十一年。初入清华，跟同事约见面，"下午2点东门见！"于是到了下午2点，我沿着清华东墙从最南边走到最北边，都没看到东门！幸亏有手机这一现代工具，我终于跟同事见上面，他说："清华东门，在南边，南边墙上靠东的那个门，对着主楼。"，我回道："我们北大的逻辑不是这样的啊！南门一定在南墙上啊！"这就是不同的生活习惯造成对同样的名词含义理解的不一致。再者，下午2点，是北京时间还是格林尼治时间？约定的时候我们并没有说明。而事实上我们说的北京时间其实也不是北京的时间，北京时间是陕西天文台发布的陕西省西安市临潼区国家授时中心当地经度的时间。下午2点是14:00还是14:00:00？二者在物理上是有严格的区别的，而这很大程度上依赖我们所用的交通工具，如果走路的话

14:00 差几分钟并不是个大问题。但如果开车，校门口是不让停车的，所以在车流中你被后面的车押送着，经过东门是不允许有分钟级的误差的，所以要 14:00:00。这样的补充信息可以一直延伸下去。当我们每延伸一个新的解释的时候，它还是会牵涉进来更多的解释。人却有一种神奇的能力，能够不在这些定义被穷尽之前就达到沟通的目的。而哥德尔告诉我们，这些定义是无法被穷尽的。人类能够沟通，是个奇迹。

有一天晚上跟朋友聊起来哥德尔不完备定理。朋友指着路边的一辆车说："这是一辆车。这也会有歧义吗？"如果需要准确理解这句话，给出完整的描述，我们不得不描述环境。我们俩都在路边站着，手指着同一辆车。说话的两人大脑有众多的不可一一列举的共识。首先我们沟通的环境不是在两个不同的地方，也不是指一幅画上的车，也不是一个玩具车。记得那个著名的"人无法踏入同一条河流"的说法吗？比如说我们指一幅画，画里有树、有车也有房子，这句话中的"这"未必是我们头脑中想说的那辆车。所以环境本身需要描述，即我们说到"这是辆车"这几个字的时候，应该有描述说两个人在同一地方。这种共识能不能被大数据描述，是一个有意思的问题。哥德尔不完备定理可能导致我们不能够完全描述我们的共识。为了弥补一个概念的不足，我们不得不引入新的概念。很快又要去弥补这个新概念的不足，哥德尔第二不完备定理告诉我们，对概念的详尽解释是做不完的。不是我们在做刨根问底的无聊事，而是这样无聊的事情确实存在而且逻辑正确。大脑逻辑上不通却能够神奇地采用忽略多余信息的方式让我们对别人说的话进行正常理解，适当的停机而不会陷入刨根问底的"宕机"状态。

真理不能够自证其真

哥德尔证明揭示了我们传统意义上的逻辑证明方法可能存在深刻的问题，因此也质疑了我们奉若神明的理性。

数学里我们会用到反证法。它的前提是如果我们能够证明一个命题的反面是矛盾的，那么这个命题就应该是成立的。

例如：用反证法证明一个三角形中不能有两个角是直角？

假设三角形中存在至少两个角是直角，设∠A和∠B为直角，则三角形三角之和为：

S=∠A+∠B+∠C=90°+90°+∠C=180°+∠C，

因∠C≠0，故180°+∠C＞180°，

而三角形内角和为180°，故三角形中不能有两个角是直角。

数学上一样大量使用了反证法，假设一个命题正确，那么推出来

一个跟已知定理矛盾的结论，这样我们就知道假设是错误的，这个命题不正确。但如果命题本身不能被证明正确或错误呢？而这种判定如果不那么直接呢？比如我们试图证明：

不存在对这句话的证明。

我们首先假设存在一个证明，可以证明这句话是对的；那么不存在对这句话的证明，这与我们的假设相矛盾。

如果不存在对这句话的证明，就是对这句话的证明，但它"不存在"。

既然至少存在这样一个命题，我们无法证明不存在类似的命题，"理发师悖论"就是另一个。理性逻辑的严谨在于，一个证据就足以推翻整个理论大厦。这类陈述让我们很担心反证法的可靠性。因为真的存在一类命题不是非此即彼的，它的正面命题和反面命题可能都无法证明其对错。

看来反证法不可靠，那么我们通常的正面证明的方式呢？

正面证明通常采用归纳法和演绎法。归纳法里只有自然归纳法是严格意义上的证明，而其他归纳法因为不能列出和验证所有的可能，所以不能构成严格的证明。

对于一般性公式的证明所用的自然归纳法，我们必须首先证明公式在 $n = 0$ 的情况下成立。接下来我们假设它对任意的但又是确定的

正整数 n 成立。最终，我们使用此假设以演绎方法逻辑推导出它对于 $n+1$ 成立。因此，我们证明了，如果它对 $n=0$ 成立，那么它对于 $n=1$ 成立。如果它对 $n=2$ 成立，那么它对 $n=3$ 也成立，如此等等。事实上，这个基本算术公式的所有证明都以这种或那种方式使用了归纳论证。这种数学归纳论证尽管不是形式逻辑的推理工具，但广泛应用在数学论证中，它可以使我们从有穷的条件集（"$n=0$"和"$n=$ 任意但确定的数"这两个条件），推导出适用于无穷个情况（所有可能的正整数）的结果。自然归纳法也需要假设：规律在无穷大的时候依然有效。我们已经有了不少证据说明这个假设是有问题的，比如我们将要讲到的希尔伯特的旅馆。当真要考虑无限的时候，有限小的规律与无限大的规律未必一致，比如求和 $1+1-1+1\cdots\cdots$，它的结果到底是 0 还是 1 呢？当这个序列有限长的时候，它或者是 0 或者是 1 是确定的，但当这个序列无限长呢？

对于演绎来说，我们为了谨慎小心，证明陈述判断词的两端是严格等价的。三角形内角和为 180°，其中三角形的内角和跟 180° 本身是同一事物，这无法避免地成为自指。而我们刚刚知道了逻辑证明中自指是可怕的，它会带来悖论！

"这句话是错的"，问题在于句子自己指向了自己。但演绎法正是这样啊！而我们其实无法以一个稳定可靠而又普遍的办法来区分什么样的自指是可以的，什么样的是不可以的。

因此，作为真理的代表，数学的证明逻辑，似乎也出了大问题。

自洽系统不能自证其自洽

无矛盾的系统不能自证其无矛盾。数学中最简单、最基础的领域，是以自然数构成的算术，它是雄伟的数学体系的基石。然而从数学本身所依赖的形式化公理系统的角度来看它竟然是不完备的，更糟糕的是，这样的系统不可能通过不断增补而变得完备。

事实上，计算机只能以程序设计师所输入的公设为基础来证明定理——正如哥德尔所强调，它无法自行创造新的公设（假设）。从这里可以推出，任何计算机或者计算机系统，联在互联网里的计算机，比如说无限台，都不能掌握或者推演出有关算术的所有的真理。

更进一步来看，形式化算术的不完备性，不但可以由能思考且有数学直观的人推演出来，连计算机也可以证明出哥德尔不完备定理。这个定理指出了计算机本质上的能力极限。算术的真理在原则上无法被一个形式化系统限制。

"真"和"对'真'的证明"之间具有相当的差异。

我们在此讨论的数学证明，总是在给定的形式化系统中的证明，而"真"却是独立于形式化系统的。哥德尔证明，数学的"真理"无法约化为证明，而语法也无法取代语义，机械性的规则无法排除对意义的需要。

哥德尔的第二不完备定理更具有讽刺的味道。一个算术系统的公设系统如果是自洽的，这种自洽无法在该系统中被证明，而这种不自洽，不能通过增补假设来完成。它的等价陈述就是，只有不自洽的系统，才能证明它自己的自洽性。而，冯·诺依曼听完了哥德尔的报告，立刻意识到这一点，并兴奋地跟哥德尔讨论，哥德尔只平静地说他关于这一点的文章已寄给了出版社。冯·诺依曼对哥德尔的发现在一开始就有惊人的领悟，他说："哥德尔告诉我，我们无法通过逻辑的方法获得领悟数学的能力。"要知道他是"现代计算机之父"，曼哈顿计划的主要领导者之一。

普林斯顿高等研究院的第一批终身研究员之一外尔称哥德尔的工作为"哥德尔灾难"（Gödel Catastrophe），具有两千多年历史的亚里士多德的理性认知，尤其以欧几里得几何所开启的公设化的想法，人们认为的理性典范被动摇了。这一切又发生在以希尔伯特为首的数学家们开始着手实现彻底公理化时，即要把数学形式化系统本身视为数学的研究目标，哥德尔比希尔伯特做得更加彻底，但得出了完全相反的结论。

我们要理解哥德尔不完备定理的重要性，不仅要跨越数学障碍，恐怕也要跨越哲学障碍。

后山的龙

北欧的传说中有这样一个故事。有个村子的后山有条恶龙，每个青年男子在他的成人礼之后都会去后山杀龙，但从来没有人回来。有一对青年恋人，男孩去杀龙，女孩

偷偷跟在后面。女孩看到男孩杀死了龙，沾上了龙血，变
成了那条龙。

哥德尔并没有发现一个复杂神秘的不被任何形式化系统包容的定
理，他发现了一个任何形式系统都普遍存在的定理。一旦这个形式化
系统有足够的表达能力，就一定存在至少一个直觉上正确却无法在给
定的系统中证明的陈述。这个陈述可以在一个以给定形式系统扩展的
形式系统内证明，但一定又会有一个陈述，在这个扩展版的形式系统
内还是不能被证明，一个广适于所有系统的超级英雄并不存在，而一
个无处不在、无法去除的普通存在却存在于任何一个系统中。

因此我们也明白：争论是没有意义的。

学术研究和日常生活中，我们经常陷入对这样或那样问题的争
论，但我们往往会忽略讨论的前提。从维也纳学派发展出来的务实主
义道路，要求讨论的前提是大家对相同的公设系统有共识。第一，我
们在讨论前要有相同的公设；第二，在讨论中要遵从相同的推演规
则，即逻辑。

在科学历史上人们意识到这一点并不容易，对真理的捍卫常常是
一种堂吉诃德式大义凛然的英雄气概，甚至是以一个伟大科学家的生
命为代价。

19 世纪末，玻尔兹曼（Ludwig Boltzmann）与奥斯特瓦尔德
（Friedrich Ostwald）之间发生了"原子论"和"唯能论"的争论，即

物质世界到底是由原子组成的还是由能量组成的。很多年后，普朗克（Max Planck）回忆起来这场论战说："两个死对头都才华横溢，针锋相对，应答如流。"双方各有自己的支持者。奥斯特瓦尔德的支持者是以不承认有原子存在的物理学家恩斯特·马赫（Ernst Mach）为代表的德国主流学派。作为少数派的玻尔兹曼常年沉浸在与不同见解的辩论中，这极大地损害了他的心理健康。虽然玻尔兹曼最终取胜，包括普朗克也承认自己对黑体辐射的解释借鉴了玻尔兹曼的原子论，但他心理上的痛苦与日俱增，毫无办法解脱。终于在 1906 年，他以自杀的方式结束自己疲倦已久的心。对于他的死，普朗克感慨地说："新的科学真理不能通过说服对手而建立。只能等到对手们渐渐死亡，新生代开始熟悉真理时才能贯彻。"对普朗克来说，辩论没有多少诱惑力，辩论不能产生任何新东西，没有实验检验的争论没有实际意义。人是可以接受新知识的，但如果已经有了固执的己见，通过辩论来驳倒对方是不会奏效的。

这件事情，对后来的物理学产生了深刻的影响，20 世纪，科学从此努力跟哲学撇清了关系。在没有实验的基础上，我们甚至无法确定该使用哪些公设，也无从讨论在某一公设的基础上哪些结论是对的，更无从讨论该用生命去捍卫哪些真理。

整个 20 世纪都是对前面几千年人类理性认知系统的总结和颠覆，我们刚刚开始掌握和认识世界，认识我们的工具。我们逐渐开始明确了该使用怎样的方法来认识世界，也知道了这些方法的局限性。我们不得不通过这些方法认识世界的同时，也应该时时提防这些方法成为我们的枷锁。人天然有回避矛盾的心态、能力和期望，这就是为什么理性逻辑诞生了两千多年之后才有哥德尔来指出我们的理性逻辑本身是有些缺陷的，而这个缺陷又是如此明显。

从哥德尔不完备定理导出的一个直接结论在于真理不能被描述。从哥德尔第二不完备定理中我们可以看到：对于一个真理系统，它本身并不能够证明自己的正确性。很多人希望通过说明物理世界和数学世界的不同来区分甚至回避这一问题在实际应用中的危机。物理的规律并不是我们可以任意规定的，而物理世界是自然完备的，因为所有的规律和现象都不得不被装在宇宙这一有边界的封闭体系里。如果是这样，我们反过来只能承认这些规律之间必然存在着某种不和谐、不自洽和相互矛盾。为了解释这些矛盾，我们需要发现新的证据。宇宙这么大，人心这么大，看起来这并不是个问题，所以我们不如承认不自洽的天然存在。很多领域的研究者也并不在乎哥德尔不完备的存在，因为忽略这些漏洞似乎也并不会影响我们日常的研究。我们发现世界上的新事情还远远没有被干完，那么为什么我们要去着急发现这些令人困惑的这样那样的矛盾呢？

但哥德尔第二不完备定理告诉我们，既然一个体系在其内部不能证明其自洽，就需要补充新的证据或者公设来扩充这个公设体系，以保证原有的体系是自洽的。这同样带来了新的困惑，扩大之后的公设体系同样会具有相同的问题，它不能够证明自己是自洽的。这样我们就不得不承认我们能够用有限逻辑描述的知识体系本身是有缺陷的，是需要不断扩充的。而进行这种扩充的一个实际有效的做法，反而是我们谜一样的直觉，回归到对世界认知的常识。

观察者的观察者

哥德尔第二不完备定理同时暗示了另外一件事情。当我们有一个超级用户的时候，他来管理所有人的权限，但他的权限由谁来管理呢？比如我们买了一台电脑，我可以把自己设成 administrator——超级用户。超级用户可以设置不同级别的用户以管理他们的权限，有常规用户，可以修改简单设置的，也有访客用户，所以用电脑上上网的，但超级用户的权限是谁给的呢？厂商卖给客户电脑，这个权限是电脑制造商给予客户的。但这并不代表客户能获得计算机的所有权限，很多底层的管理权限客户并不知道，大多数时候也不关心，只有厂商自己知道。因为维修的时候可能需要一些权限来保证机器可以恢复到出厂设置之后还能被调用，很多手机就有这样的配置。即使你是这台设备的拥有者，为它付了钱，但权限未必能够开放给你，有时候是为了维修安全，有时候是为了别的目的。厂商就成了这个逻辑里的超级超级用户（super-admnistrator）。这些厂家，在政府的要求下，也会让政府去调用一些数据，甚至开放一些功能给政府用，比如2017年发生的苹果公司与美国政府之间的矛盾。美国政府要求苹果公司开放用户数据给 FBI（美国联邦调查局），苹果公司拒绝了。但我们假设苹果公司在美国政府的压力下开放了数据，那么在这件事情上 FBI 和它后面的美国政府就成了超级超级超级用户（super-super-administrator），而谁为美国政府这个超级超级超级用户授权呢？至少美国政府认为这是宪法授权的，但我们马上就可以看到，原来连美国宪法也并不能做到自洽和完备。于是，问题回到了原点，要不我们存在一个一直在扩充的系统，每一个新的超级系统囊括并解释下一级系统。而在这个系统的顶端，存在着一个不自洽或不完备的公理系统。

哥德尔不完备定理是理性的边界吗？

各种证据似乎让我们得出这样的结论，哥德尔不完备定理规定了理性认知的边界。或者这样说：它虽然不是理性的边界，但至少规定了理性的局限，但限制在局部本身就意味着边界的存在。

什么是理性思维的界限？我们能够完全理解我们制造的机器吗？我们能够搞清楚我们心智的内在工作过程吗？当研究结果缺乏逻辑的确定性时，数学家还怎么继续工作呢？哥德尔的工作不仅使数学发生了革命性变化，而且还波及哲学、语言学和计算机科学，甚至还包括物理学。哥德尔的这一结论——存在着明明为真，但却必然不能被证明的事实，集齐了从神经网络到计算理论的发现和创新浪潮，也终结了机器全知全能的梦想，昭示人类之精神的永不枯竭。

　　因为早年在维也纳的优秀表现，哥德尔被纳粹分子怀疑是犹太人，莫名其妙地在街头挨了打。作为一个有轻度抑郁的数学家，遭受了这样的事故，哥德尔很早就决定离开奥地利，这个很快就被纳粹独裁统治的国家。到了普林斯顿不久，他决定加入美国籍。不幸的是，哥德尔以他特有的数学思辨能力仔细研究了美国宪法！入籍面试前一天，哥德尔忧心忡忡地打电话给他的入籍见证人，博弈论创始人摩根斯坦，他告诉摩根斯坦，美国宪法中有一个逻辑漏洞。因为这个漏洞，美国宪法一样会使美国变成一个专制独裁的国家。摩根斯坦只好叮嘱哥德尔，见到法官时千万不要提这件事。

　　第二天一早，爱因斯坦、摩根斯坦和哥德尔一道驱车去新泽西州首府特伦顿的联邦法院，入籍面试在那儿进行。一路上爱因斯坦和摩根斯坦轮流讲笑话，好让哥德尔的注意力从美国宪法的逻辑漏洞上转移开。在面试中，法官被哥德尔带来的两位著名见证人震惊了，甚至打破常规请他们在面试过程中一直坐着。

　　法官问哥德尔："到目前为止，你一直是德国人，是吗？"

　　哥德尔答："我是奥地利人。"

　　法官不无得意地说："不管怎么说，奥地利也曾处于罪恶的专制独裁统治下。不过现在你应该感到幸运，在这里有美国宪法保护，这种事情在你的新国家永远不会发生！"

　　这话无疑让爱因斯坦和摩根斯坦一路的努力化为泡影，哥德尔大声说："恰恰相反，我知道这怎样可以让这种情况发生。我现在就可以证明给你看！"

美国宪法的不完备

1972 年"水门事件"发生。

尼克松的竞选团队去对手总部安装窃听器被路过的警察无意抓获，事件不断升级，以至于总统都无法摆脱干系。审讯过程中，联邦最高法院要求尼克松交出白宫的录音磁带作为证据。然而美国宪法第二条第一款规定，行政权属于美利坚合众国总统，三权分立的宪政原则规定总统的行政特权不容侵犯。作为政府行政首脑，总统与自己的亲信在白宫的非公开讨论会中信口开河、胡说八道都可以被认为是工作需要。总统与亲信之间的谈话涉及内政外交、国防军事等方面的机密，如果司法和立法部门传唤、审听这种高度机密的非正式谈话录音，并根据其中的只言片语来起诉总统，是完全不合常理的。在美国宪政史上，杰弗逊、林肯、罗斯福、杜鲁门等十余位总统都曾以总统行政特权为由坚决拒绝国会调查白宫决策内幕。尼克松更以不按规则出牌而著称，直接查封了检察官办公室。

主审此案的哥伦比亚特区大法官约翰·西里卡（John Sirica）立刻表示，查封特别检察官办公室之举"看上去仿佛是拉丁美洲国家的上校们上演的一场军事政变闹剧"。联邦司法部长埃利奥特·理查森（Elliot Richardson）也惊呼："一个合众国政府快沦为了寡头独裁政府。"针对尼克松的一意孤行，美国新闻媒体口诛笔伐，参众两院议员怒不可遏，普通民众也群情激愤。无数电报、电话和信件如洪水般涌至白宫和国会，强烈谴责尼克松的胡作非为，要求国会立即启动宪法程序，弹劾无法无天的"总统皇帝"。这样，"水门事件"从最初的一桩鸡毛蒜皮的丑事，最终演变为一场震撼全国的宪法危机。当三权分立制度下的三个最高权力之间发生了矛盾，该听谁的？谁有最高的管辖权？这在美国宪法中竟然没有规定！

尼克松最终选择了辞职。

他说："一个总统如果动用美国的军队来保护自己抗拒法律的审查，他不再配做美国的总统。"尼克松 1977 年接受英国著名电视节目主持人戴维·弗罗斯特（David Frost）采访时说："事实上是我自己弹劾了自己。"他的辞职换取了民众对他的谅解，化解了美国宪法的危机，从而维护了美国宪法的尊严，并且也给出了案例。当克林顿再次被法院要求提供证据的时候，援例。

因此美国的大法官制有制度上的好处。美国联邦最高法院拥有解释宪法的权利，他们做出一个判决都会形成判例，进而对原来的宪法进行补充。美国联邦最高法院通过不断细化规定，丰富了宪法的含义。大法官制度补充在逻辑规则之外的案例，包括宪法在内的严密的有限条文体系，依然无法脱离作为人在其中的参与和抉择。

与英美法系的案例法不同，欧洲大陆有大陆法系，明文规定哪些事情可以做，哪些事情不可以做以及做了僭越的事情之后的代价。这样的思想沿袭了经典科学的习惯。它假设人的行为可以被规范，可以被法律条文一条一条清楚地描述。这里的潜在认识是默认人的行为可以被静止的、孤立的文字来规范。我们希望有这样的一套可以排除个人主观情绪和观点的法律体系。这当然好，然而300多年来，我们仍旧不能把人从这个法律体系中排除出去，一定是有它的原因的。哥德尔不完备定理说明了，由有限文字所记录的法典和规范，一定有不能描述和判断的问题出现，这些问题就不得不又回归到人本身，由人来做最终的裁决。一个能够排除人的存在的客观行为规范并不存在，很多时候我们认为公认的客观依据，是因为太多的知识、信仰和道德约束对我们来说成了默认的共识，无须进一步沟通。参与到其中的人既弥补诠释有限体系的自洽问题的不足，又补充有限知识体系的常识，这工作像极了"补锅匠"。相比较，判例法系不强求排除人为因素，判例里充满了法官和陪审团的人的气息，看上去依赖于法官和陪审团的素质而充斥着主观判断，但事实上可能是一个更为合理的系统。要知道，在哥德尔不完备定理的陈述中"真"和"可证"并不等价。人可以通过直觉获得"真"的判断，但它未必能够从逻辑中被证明。有些事我们明知如此，但无法证明！

那么，我们自然会问一个问题，而这个问题事实上会动摇我们对法律体系的信心。既然还是避免不了最终的人治，那我们辛辛苦苦建立法律体系的意义何在？或者，我们只能把它当作人性存在的天然弱点，或者我们只能追求程序的正义，而无法追求含义本身的正义，至少法律条文本身无法既追求含义的正确，又追求程序的正义。语法无法取代语义，对法律的诠释最终回到人的认识和良知，而良知的建立是基于社会、文化，又常常体现为宗教的教育和影响。既然我们既无法排除人为的参与，又在人治中得到了太多的教训，恐怕能做的只能是"上帝的归上帝，恺撒的归恺撒"，完成程序正义的同时，通过合理的制度来选择"补锅匠"并制约他们的权利，使得他们所做的最后的决策和诠释符合公众的长远利益。

延伸到我们对科学的认知，我们用语言和定理来描述自然界，希望这些定理可以客观地描述和预测自然界，甚至预测自然界可以接受我们的改变。但当一个人忽略了自然的世界和人自身的体验之间的关联时，这个人就容易让自然形成一幅与人类利益无关的事物的画面，并把我们对自然的认知看成固定的和孤立的东西，这很容易成为一个压抑心灵和麻痹思想的根源。在对人类未来的预言中，这种出发点把人类引入荒诞的时间尽头。人甚至把这种从认知得到的结论看作一个缺乏自省的工具，一个灭亡人类的工具。

　　牛津大学哲学家戴维·卢卡斯（David Lucas）于 1961 年发表一个看法，认为哥德尔不完备定理和思维本质之间存在关联："在我看来，哥德尔的定理证明的是机械论的错误，也就是说，机器不能解释心智。"卢卡斯坚定地认为，不管我们设计的"思维机器"多么复杂，这台机器都将根据规则运行，而这些规则可以在形式系统中被表述，并且一旦我们让这台机器告诉我们什么是真命题，它将只能通过系统的公设基础并按照规则来推演这个命题。因此将会有一个我们的思维能够领悟为真的命题逃脱这台机器对真理的把握，而它的把握无非就是规则决定的可证性。如果我们将前面逃脱的命题列为公设，以强化这台机器，将仍会有其他命题逃脱它，但不会逃脱我们。这些命题有着合理数学的正确性，但符合证明规则的形式系统永远不足以产生算术的所有真命题，就算是在原则上也做不到。这个结论无疑肯定了哥德尔工作的卓越，但它还有另外强有力的一面，表明了更多的东西，确保人类的理解和洞察不能被还原成任何规则的集合。人类思维必然超出逻辑设备所能实现的东西，"人工智能"是我们今天对这台机器的时髦叫法。

　　哲学家曾经希望的终极目标是找到一个整体自洽的图景，在这个图景里可以整合人类所有的知识经验。我们内心希望的是这个图景中永远存在某种缺口，因为只有这样的缺口不断存在，才能体现出人类存在的意义。如果完整体系是存在的，它终有一天会被发现这样的缺口，一旦发现，我们将面临一个艰难的环境，因为我们总可以把这些完美的无所不包容的知识体系整理成可以去具体实施的系统工具。这样就可以去做所有发现的事情，在一个知识的封闭体系中，终究有一天所有事情都会被做完，况且我们发现了一些越做越快的工具，于是进入了另外一种形式的热寂。整个宇宙都没有新的东西被发现，这是一件悲哀的事情。

哥德尔证明数学世界是取之不尽，用之不竭的，没有一套有限的公设和推理规则可以包含整个数学范畴。给定任何一组公设，我们可以找到有意义的数学问题，这些问题是公设和它们的合规推理都无法解决和判定的。我们希望物质世界中存在类似的情况，如果我们对未来的看法是正确的，那就意味着物理世界也是取之不尽用之不竭的；无论我们走向多远的未来，总会有新事物发生，新信息涌入，探索新世界，不断扩大人类的生活领域。哥德尔的理论最终会引发人们研究数学和物理世界的无法预料的本性和新热情。不完备定理应该成为我们寻求未知世界的新的自然法则：我们没有理由限制自己对自然基础的探索，可能也不能用任何方式说明我们找到了描述自然对称性的普遍工具。相反，我们确实希望发现哥德尔不完备定理限制了我们随心所欲的能力，这事实上也保护了人类自己，因为一旦有可以把我们"人"移除出去自动寻找真理的算法，那我们人类自己也就可以真的被移除出去了。我们可以做出机器来执行这些算法，自动地寻找我们未知的全部"知识"。幸而哥德尔不完备定理否定了这一点，我们不能用我们手头已经掌握的定律来执行任何特定计算或构建算法来预测未来，因为我们甚至不知道未来会有哪些新的定律出现，不完备性困扰着哪怕非常简单的自然法则。

宗教与科学并非是处于互相矛盾、水火不容的境地。至少在科学革命之前，科学与宗教是和平共处的。中世纪，罗马教廷对各种对《圣经》的不同解释相当大度，而从事科学研究的人也相信这些研究都是在证明上帝造物的伟大。然而在 19 世纪到 20 世纪之间，科学的发展让文本意义上的《圣经》显得格外局促，科学每一点新的发展似乎都挤压着《圣经》的神圣领地。除了进化论，物理学看起来也不那么友善。热力学第二定律所预示的宇宙可以走向无序化，这就让相信上帝创造了理想世界的人非常不安。正在膨胀的宇宙甚至宇宙大爆炸，都让上帝的信仰者不得不寻求新的解释，试图把新的科学发展包容到绝对正确的伟大真理体系中，但事实上人们发现这越来越困难。而今，我们要面临着的本质冲突在于，宗教与科学依赖着彼此不相容的逻辑原则。神的行为不受科学理性框架的约束，不论它作用在自然界还是作用在人心上。信仰宗教的人认为宗教回答了科学所不能回答的问题。的确，客观唯物主义的科学观并不意味着我们能够理解一切，事实上，至少我们知道依靠经典理性是做不到这一点的。虽然我们相信可能是工具的阶段问题，随着技术进步我们迟早能够了解到更多的部分。但哥德尔不完备定理和海森堡不确定性原理都似乎给我们规定了认知的边界。一个是从描述的工具数学的角度，一个是从这些工具对应于自然界的物理学角度。它们设定的这些边界，不是人们通过提高实验手段和认识手段就能够了解的，它就是自然的一部分，这部分未知是我们已知的。这样说颇为哥德尔化。

基督教是可以比较严格地形式化的：

- 上帝存在
- 上帝万能
- 上帝爱人

这三条构成了基督教的三个基本公设。

但在这样的公设基础上就会出现"上帝是否能够造一块他举不起来的石头"的问题。这个问题会涉及哥德尔所用的工具——自指，在体系内部并没有好的答案。将这三个基本公设与具体的生活实践对照，也会具体到耶稣是不是神的儿子，圣母玛利亚是不是凡人这样的问题，这样新的公设进入原来的公设系统，形成了不同的教派。前一个问题分开了犹太教和基督教，犹太教不承认记述耶稣生平的《新约圣经》，而对圣母玛利亚地位的肯定与否区分了天主教和基督教。值得注意的是，这些分歧并不是免费的和善意的讨论，每一次对教义的不同诠释所形成的教派，彼此之间是冲突的。这样的冲突在早期，以至于到今天都还意味着用消灭异议者肉体的方式消灭不同言论。教义只有经过长期的、众人的考验，才能最大可能地包容、弥补理论的不足，让它获得深入解释而相对平衡稳定，成为一种成熟的宗教。这个时间和人数的总体量，至少是亿万人年，即需要十亿人一千年的思考、辩论和考验，它才能相对稳定下来，不会以简单的流血的方式来解决问题。当然，这个数字是个统计学意义上的数字，有实证，但没有必然的因果。不管怎么说，哥德尔是个有神论者，他甚至证明了上帝的存在。

哥德尔的理性主义

在哥德尔的手稿中，有一捆未标明时间的散乱手稿，其中有一页大概写于 1960 年前后，是用速记法写的，中间夹杂了一些英文单词。在这页纸上，哥德尔用《我的哲学观点》做题目，列出了 14 个条目，看起来是他的基本哲学信念，同样，为了避免翻译产生更多的歧义，我列出英文原文，但这些英文原文也是从速记法里翻译而来的，也未必是哥德尔的本意。

1. The world is rational.

世界是理性的。

2. Human reason can, in principle, be developed more highly (through certain techniques).

原则上，人类的理性可以得到更高的发展（通过某些技术）。

3.There are systematic methods for the solution of all problems（also art, etc.）.

人有解决所有问题的系统方法（也包括艺术等）。

4.There are other worlds and rational beings of a different and higher kind.

宇宙中还有其他世界和理性存在的不同的和更高级的物种。

5.The world in which we live is not the only one in which we shall live or have lived.

我们现在生活的世界并不是唯一的我们活过的或者将要活着的世界。

6.There is incomparably more knowable a priori than is currently known.

未知的世界远超过已知的世界。

7.The development of human thought since the Renaissance is thoroughly intelligible（durchaus einsichtige）.

自文艺复兴以来人类思想的发展是完全可理解的。

8.Reason in mankind will be developed in every direction.

人类的理性将朝着各个方向发展。

9.Formal rights comprise a real science.

真正的科学必然要求形式正确。

10.Materialism is false.

唯物主义是错误的。

11.The higher beings are connected to the others by analogy, not by composition.

更高级的生物通过比喻而不是通过结构化的方式与其他生物沟通。

12.Concepts have an objective existence.

概念是客观存在的。

13.There is a scientific（exact）philosophy and theology, which deals with concepts of the highest abstractness; and this is also most highly fruitful for science.

存在一种科学的（精确的）哲学或者说神学，它涉及最抽象概念；它对科学本身也有丰富的意义。

14. Religions are, for the most part, bad——but religion is not.

宗教的内容很多是错误的——但宗教本身没错。

哥德尔所指的理性主义源于莱布尼茨的思想：世界，包括我们内在体验的世界，是完整和优美的，因此是理性和有序的。哥德尔认可这种信念的正当理由部分取决于数学的完整和优美的归纳推广："理性主义与柏拉图主义有关，因为它涉及概念方面而不是真实的世界。数学有一种完美的形式，我们可以期待概念世界是完美的，而且，客观现实是美好的、完美的。"

宇宙的总体现实和总体经验是美好而有意义的，这也是莱布尼茨的思想。我们应该通过我们真正了解的部分来判断现实。从概念上我们知道的那部分知识是如此美好，我们所知道的现实世界也应该是美好的。虽然哥德尔对理性主义信仰的根源的认识是形而上学的，但他在该领域的长期愿望始终是具有实践性的。即，开发哲学中的确切方法，将其转化为精确的科学。

在实践中这意味着我们要采取最严格的观点来确定接受主张的辩证理由。换句话说，在接近数学证明的哲学论证中，渴望达到足够的严谨。哥德尔早期的理性主义观念指的是数学的严谨性，"我能断言的最多就是反驳了形式逻辑的观点，认为数学只包括语法规则及其推论。此外，我提出了一些有力的论据来反对更普遍的观点，这些观点力图主张数学是我们自己的创造。我可能更相信柏拉图主义式的现实主义。我觉得我们应该做的是，在对有关概念进行充分澄清之后，用数学这一严谨的方式进行这些讨论，这将证明柏拉图主义观点是唯一成立的观点"。

除了方法论部分，从哥德尔列表中的项目可以看出，哥德尔的理性主义也有乐观的组成部分：一旦拥有了适当的方法，哲学问题，例如伦理学中的问题，也可以被解决。至于数学断言，例如集合论中的连续统假设，一旦概念分析得以正确的方式进行，例如集合的基本概念已被完全阐明，连续统假设也应该可以解决。

哥德尔哲学观点的 14 个条目中，有两条涉及现实主义。

  10. 唯物主义是错误的。

  12. 概念是客观存在的。

概念是真实的对象，多个事物和概念组成的结构也是真实的对象，事物的属性和概念之间的关系，可以独立于我们的定义而存在。

物理实体的假设是合理的，有很多理由让人相信它们的存在。实体的存在对于获得令人满意的数学系统是必要的，因为物理实体对于我们感官认知获得令人满意的理论是必要的。在这两种情况下，不可能将关于这些实体的命题解释为仅是"描述"的命题。数学，是实际发生的感知才发生的。人们想要做出作为关于感官认知的某种陈述是基于这样一种观察，感官获得的数据与它们所处的环境之间有着千丝万缕的联系，没有哪种事实与我们想要断言的陈述之间没有关联而成为绝对的客观。发现新事情，是一个高级的思想活动。这样的思想活动，令人惊讶的不是形式化逻辑之间的区别而是另外一方面的差别：直觉，数学的洞察力和意义。图灵机，即使不能够掌握与数学意义相关的问题，这些机器依旧是最好的物理工具。由于物理学 17 世纪以来的成功，它事实上确立了人类普遍的客观唯物主义的信仰：相信在人的存在之外，有一个独立的宇宙，它的运作是不依赖人类而存在的。因为在人类出现之前，宇宙至少已经存在了 137 亿年。

哥德尔也反对实证主义，即"名词的含义是被实证检验才存在"的观点。哥德尔在手稿《数学是语言的语法吗？》中强调了这一类比，"这是红色"作为一个直接的数据是任意的，但不要考虑表达模式或完全归纳的命题，或者可能是后者所遵循的一些更简单的命题。

在 1947 年的《什么是康托的连续统问题？》的文章中，哥德尔阐述了这样一种观点，即在有意义的数学命题的情况下，总有一个事实要以肯定或否定的方式来决定。如果存在数学对象或概念的领域，那么关于它们的任何有意义的命题必须是真或假。连续统假设是实数范畴里的一个有意义的问题的例子。"大小"的概念明确地引导了假设的确定含义，因此它应该是可判定的，至少原则上。他接着为可判定性提供了两个标准：首先，涉及概念分析，它与希尔伯特的理性主义计划相关联，先将康托连续统问题表达为可以由公设所设定的语言具体含义。其次，人们必须关注所谓公理方法的可靠性，当我们用公理方法作为检查或指示寻求解决其真理的方向时，我们要时刻警惕和怀疑它，即使它是我们迄今为止找到的最好的工具。例如，哥德尔在论文中指出，公理方法存在不可避免的不合理性，它可能是错误的！

总而言之，哥德尔不完备定理大概产生了以下三个方面的影响，当然，它的影响虽然没有被大众广泛了解，甚至不为专业的科学研究人员广泛认知。但可以想象，它不会被历史掩盖住，它的光辉会照亮新的人类未知的世界。

第一，哥德尔不完备定理深刻地揭示了形式逻辑系统的内在局限性。

这种局限性是由形式逻辑系统的本质所决定的，是不可克服也是无法弥补的。一个形式系统的无矛盾性在本质上是超越这个形式系统本身的。它让形式逻辑处在两难境地：或者允许在逻辑思维中有矛盾存在，或者承认存在着逻辑方法证明不了的本逻辑系统内部的问题。事实上，无论是作为科学认识前提的公设或假设，还是在此前提下的逻辑推理，都有其内在的不可证明的直觉信念。人类认识世界总在一定的直觉引导下通过逻辑推演而展开，并在获得新知识的过程中不断扩展着关于世界的新观念。因此，信念的合理性是相对的，它可以随着认识的深化而不断发展变化。在信念转化为知识的过程中，真正起作用的是科学家非机械的、非逻辑的、智力性的创造，逻辑自洽和完备只是一种理想的指向和要求。

第二，数学是科学的基础，数学的不完备性说明科学结论也是不完备的，换句话说，它是开放的。

自从近代科学开始努力数学化以来，科学问题就成为被数学编码的问题，科学结论就成为被数学化的结论。数学曾经被认为是精确论证的顶峰，真理的化身，是关于宇宙的顶层设计真理。绝对的确定性和有效性可能是几个世纪以来人们所信仰的数学的一大特征。然而在1931年之后，我们看到数学的绝对确定性和有效性已丧失。作为科学的语言、模式、方法和工具的数学本身的不完备性，直接导致了由它所表述、绘制的科学结论的不完备性。

第三，哥德尔不完备定理从科学的层次上揭示了人类认识的局限性。

在回答有关自然和人类社会的问题上，许多人似乎从来就没有经过认真的思考便不由自主地接受了这样的观点：人的心智或认知能力是没有根本性限制的。但是，自己创造的事物正是人类反观自己最好的镜子，数学作为人类心智与理性的产物，正好反映了人类认知的局限性或不完备性。

还要强调的是，以上三个方面的影响可能不包括量子力学，虽然它也是人类创造的。量子力学本身可能是完的，但不是经典意义上的自洽。这也解释了为什么迄今为止量子力学都是如此的令人费解。

哥德尔不完备定理震撼了欧洲近现代文明兴起之后以笛卡儿为代表的基础主义知识论的传统。长期以来，知识的确定性是人类认识客观世界所坚守的信条。罗素曾经说过："我像人们需要宗教信仰一样渴望确定性。"人们一度普遍认为，真正的知识不同于个人的意见或主观信念，它是绝对确定的、必然的真理，不容置疑。这一根深蒂固的观念可以一直回溯到柏拉图对知识的思考。柏拉图学派认为知识源于独立于时空之外的、不可知觉的理念世界，而在理念世界中的事物是永恒的、确定不变的，因此知识是确定的、可靠的、真实的。信念源于可感知的现象世界，现象世界中的事物是短暂的、流变的、不确定的，因此信念是不可靠、不确定的。两千多年来，人们的认识总是在思维中舍弃对象世界和自身的不确定性的因素，通过思维中的确定性来建构对象世界的确定性，从而达到对自然世界的确定性认识。

哥德尔直言不讳地说，我们没有任何绝对确定的知识。言外之意是，哪怕极其简单的事情，我们也没有绝对的把握说自己完全捕获了全部的终极的客观实在。物理学家霍金（Steven Hawking）则诙谐地说："上帝不仅掷骰子，有时他还把骰子扔到了找不到它们的地方。"

在新的公设被找到之前，现有的公设系统就具有了不确定性。一个命题是否是对的，会不会出现矛盾？这在公设系统被建立之后并不能确定。理性系统不能够给我们一个安全的保障，即使我们建立了一个足够强大的公设系统，也并不能保证在这个系统里的所有可描述问题都能被推导出来并得到证明，相反，还是有一些命题在这个系统中存在，但它们不能被机械地遍历来确定正确与否。

我们对理性长久以来的信仰的城墙倒了。

然而，承认知识的不确定性，会让我们自然想到，科学上的结论其实并不具有许多人所坚持的科学本质的意义，而只具有认识的意义。就是说，科学结论不应该是对真实世界的终极反映，相反，科学结论只是人们用心智与理性构建出来的关于自然的图景。这幅图景，随着我们认知的深入，可以有不同的表象和形式，并且是可以变化的。绝对的确定性知识的不可能与知识不确定性的发现，并不意味着知识的消亡，相反是知识的"新生"。知识的确定性应由此获得新的意义，它可以被视为人类理性的一种理想追求。尽管并不是完美的佳作，即使不断完善也未必能去除所有的瑕疵，然而它是人类与感性知觉世界之间最有效的纽带。

就知识的确定性而言，数学曾经是一种理想，而今我们也一样认为它是理想，尽管我们理性地认识到理性的终极理想也许永远达不到。追求绝对确定性知识的不可能，并不意味着我们在知识的可靠性上，要采取彻底的怀疑主义的态度。怀疑虽给我们提供了更深更广的思想空间，但如果认为知识没有绝对正确的把握就不应产生，也是不对的。世界上虽没有那种不容置疑的绝对确定性知识，但知识也不是非要有这种不容置疑的绝对确定性。因为，尽管我们对任何事物的认识随时都会犯错误，但是我们对自然的认识毕竟在这样的悖论中真的前进了。知识的历史，就是人类不懈追求知识的确定性而逐步显现知识的不确定性的历史。

知识中的悖论给我们一种启示，它划定了哪里是我们通过经典理性可以构造的区域，哪些是理性可以思考但无法证明的区域。这恰恰是物理世界为数学与自然对应的新证据和弥补有限公设之外的新假设提供的源泉。由此也产生了物理学家的鄙视链，实验物理学工作者评论理论物理学工作者时说"他们是做数学的"。不过我们还是有必要区分一下经典理性和我们希望获得的理性，经典理性的特征在于可描述性，而理性本身的范畴可能远远比可描述的范畴大。当想起来图灵说，所有可描述算法，图灵机都可以实现时，我们就知道了，原来，可认知的理性会多于图灵机可实现的理性。

哥德尔不完备定理揭示了真实和可证之间那条无法逾越的鸿沟。它告诉我们，我们把握自然的真实，未必是通过理性的逻辑来把握，至少一些情况下是这样的。而科学的理性在于怎样通过严谨的认知过程，去证实某些命题的合理性。这些关于真理的发现能力的限制，对人类来说是个好消息，我们不用太担心机器会自动发现真理。它可以推演出在我们所发现的真理假设之上，应用形式逻辑而得到的，我们没有发现或还没有看到的命题，正如 AlphaGo（阿尔法狗）所完成的在人类尚未穷尽的棋局上的尝试。它确实尝试了很多人类没有试过，但显然又符合游戏规则的棋局。但创造棋局和游戏规则本身，却是一个从哥德尔不完备定理上来讲没法由机器来完成的事情。

这里会有一个类似于费米悖论的存在。20 世纪 50 年代物理学家费米（Enrico Fermi）在和别人讨论一个关于飞碟和外星人的问题时，问了这样一个问题："他们都在哪儿呢？"从时间上来讲，人类的科技，要是再用 100 万年的时间来发展的话，是能够飞往银河系的其他星球的。要知道，我们人类科技真正的发展时间，不过才几百年，现在就已经能够飞出地球。那么百万年之后呢？很难想象那个时候的科技会达到什么样的程度。可是，宇宙的历史比这个 100 万年久远太多了。如果说，宇宙至今存在了 137 亿年，宇宙里有着其他生命，总有某些外星人轻易比人类早进化 100 万年，就应该已经来到地球才对。

换言之，费米悖论表明的就是这样三种选择：

1. 外星人是存在的——外星人的进化要远远早于人类，他们
应该已经来到地球并存在于某处，只是不现身罢了。

2. 外星人是不存在的——迄今为止，人类并未发现任何有关
外星人存在的蛛丝马迹。

3. 外星文明存在过，在外星人发现穿越时间的机制前就毁
灭了。

同样，当我们构想人类会被人工智能的机器人超越，或者按照某
些说法，就在 2049 年，这些机器人就有穿越时空的能力。甚至它们
不受生物年龄的限制。但，它们在哪儿呢？不要谈什么宇宙法则，任
何法则可描述的时候都有漏洞，尤其是它们是建于逻辑系统之上的机
器的时候。

同样，科学本身如果定义为旨在寻求可证的普适真理的时候，这
个工具恐怕也值得怀疑。因为的的确确有一类真理可以被人类感知，
由人类的直觉从自然中提炼出来，但无法证明。这并不是否定科学本
身存在的意义，科学的意义在于它可以不断扩展自己的认知范畴。况
且，人类认知也还存在超越经典理性的层面，我们有足够的共识来理
解事情本身，但缺乏足够的工具来证明这个事情。我们还有一个阶段
是，寻找新的假设来证明在这个假设所弥补的范畴内，所证明的问题

是可证的。无非是我们要知道这个新补充进来的假设，又会在其他问题和时间上出现新的不可证问题。但，不是眼前这个。

人类在经典理性之外的认知也可以称为理性内容。它主导了我们对未知世界的探索，甚至是新假设的判定，这也是理性，但我们似乎尚缺乏一个稳定的描述来理解它。这并不奇怪，一旦可以描述和理解，它就转化为图灵机可以完成的算法，机器就可以代替我们了。我不能否认，量子力学和这个更深层次的理性认知，也许始终会有些关系。

因此，科学圈也在建立公共的认知群体，通过群体建立知识共同体的道德规范。这确实有点像英美法系的大法官系统，尤其是在我们面对未知世界的时候，这样的评判体系是有益的，它建立于人类的直觉认知和科学习惯所形成的道德之上。

意识和梦境

以牛津大学物理学家彭罗斯为代表，他说："从哥德尔不完备定理的考虑中我们可以看到，在形成数学判定的时候，或者在计算和严格证明作为数学的呈现工具的时候，意识的角色反而是非算法的。"哥德尔自己思考这个问题的时候跟大多数人一样，希望能够进一步找到证据来证明只要把意识和他的不完备定理结合起来，即可成功地证明我们的信念：人的心智确实胜过计算机。只要表明心智在判定数学问题上的优越能力，就能证明这一点。以梦境为例，如何用逻辑方法来判断最简单的心智中关于梦的问题：我是不是在做梦啊？

《庄子·齐物论》中有说：

> 昔者庄周梦为胡蝶，栩栩然胡蝶也……不知周之梦为胡蝶与，胡蝶之梦为周与？周与胡蝶，则必有分矣。

这段话大意为，庄周做梦梦见自己变成了蝴蝶翩翩起舞，但不知道是庄周梦为蝴蝶，还是蝴蝶做梦成为庄周。

英国作家埃里克·赫顿（Eric Hutton）在 1989 年描述了关于梦和现实本质的悖论。和很多人一样，赫顿描述自己醒来以后有非常清楚的关于梦的记忆，其中一切都像醒着的生活一样真实。与庄周一样，这些清晰的记忆会让人怀疑生活本身是否是一个梦。有一天赫顿终于想出了一个神奇的检验判据用于判定他是否在梦里：如果我发现自己在问"我在做梦吗"，这就证明了我在做梦。因为在清醒的时候，"我"从逻辑理性的角度讲，自然很清楚自己不是在做梦，因此也不会问自己"我在做梦吗"这个问题。因此，当我问自己是否在做梦的时候，一定是在梦境中了。这个判据是如此有道理，很快被人称为"赫顿判据"，用来区分梦境和现实。老实说，这比打自己一耳光看疼不疼的方法靠谱多了。

许多年后，当赫顿写了一篇关于他童年时代对梦的兴趣的文章时，他突然意识到这个推理中的矛盾。没错，问自己"我在做梦吗"确实证明了一个人是在睡梦中。然而，这正是他自己在完全清醒的时候提出来的判据。

是不是有点诡异的哥德尔的味道？

第七章

人工智能的不能

　　人的日常工作，大量地基于不可解问题的复杂性。在某一领域和问题的单一解决方案上，计算机能够自我优化地提升解决问题的效率。在这一点上，恐怕人是要叹为观止了，在惊叹中围观，自己就不做了。但人的创新能力在于寻找新假设的能力和基于计算复杂的多重选择能力，这两者都能被哥德尔不完备定理所涵盖。

深度学习

　　1956 年夏，约翰·麦卡锡（John McCarthy）和马文·明斯基（Marvin Lee Minsky）等科学家在美国达特茅斯学院开会研讨"如何用机器模拟人的智能"时，首次提出"人工智能"这一概念，标志着人工智能的诞生。从那以后，研究者们发展了众多理论和算法，人工智能的概念也随之扩展。而今，当我们再次把焦点关注到人工智能上时，它已经有 60 多年的历史了。2006 年，基于神经网络的深度学习算法取得重要突破，人工智能顺势迎来新一轮投资界和工业界的追捧。警惕人工智能，这之后，很多"科技"明星代言人也在不同场合提醒人们要防止人工智能取代人类，甚至是统治人类。

　　电影《模拟游戏》讲述了二战中图灵的真实故事——德军认为牢不可破的密码被图灵的机械解码器破译了，盟军从此掌握了战争情报的先机，最终赢得了胜利。从那时起，人们就开始想象，计算机可以解开人解决不了的难题，按照这样的趋势发展下去，计算机就有可能超越人类。20世纪80年代，个人电脑的普及带来了人类对人工智能的第二次恐慌，1997年计算机深蓝战胜了国际象棋大师加里·卡斯帕罗夫（Garry Kasparov），电影《终结者》和《机械战警》都是这个时期的代表作品。2006年以后随着深度学习技术的发展，人类迎来了对人工智能的第三次恐慌。美剧《西部世界》和电影《机械姬》就代表了这一阶段人们对技术发展可能超越人类智慧的隐隐恐慌。美国未来学家雷·库兹韦尔（Ray Kurzweil）提出奇点理论，被互联网人追捧，人们担心，到2049年，人工智能就可能超过人类，从此绝尘而去，人类会被机器人奴役，地球会被机器人统治。

人工智能产业最近几年进入快速上升通道，一方面有赖于过去六十多年学术界的知识沉淀，另一方面则得益于近些年来学术界和产业界高频次、高效率的互动。大数据、硬件计算能力，以及算法能力推进了人工智能的高速发展。广义的人工智能指人所创造的、代替人从事某些思维行为的设备。它可以是算盘，可以是计算器、计算机，以至于超算中心上基于算法行为实现了类似于人类逻辑推理。从狭义讲，从2006年开始的这一波人工智能浪潮，是在已有科技的基础上因为深度神经网络的突破而获得的发展。几年之间深度学习算法在语音和视觉识别上实现突破，使人工智能产品更加成熟，而围棋人机大战、无人驾驶等一些具有广告效应的应用再次引起了社会的广泛关注。

　　作为人工智能的基础，大数据的重要性很早就被产业界看到了。
2009 年，谷歌通过分析近万亿条被网民检索的词汇和美国疾病控制
与预防中心发布的 2003 年到 2008 年间季节性流感传播时期的数据，
成功预测了 2009 年冬季流感在美国的传播路径和时间。谷歌同样利
用深度学习图像算法，对谷歌地图所拥有的 5000 万张街景照片进行
图像识别，从而得出了地区经济状况甚至预测地方选举选情。对大数
据而言，往往是数据大而无法有效找到有意义的结论。在很多问题
中，人们需要新的处理模式才能让大数据工具有更强的决策力、洞
察发现力和流程优化的能力，才能让海量、高增长率和多样化的大
数据变为信息资产。传统的逻辑推演、机器学习、统计、模式识别、
概率，它们都为大数据的有效利用提供了不同方面的工具。作为人
工智能的代表算法，深度学习也同样给出了一种新的大数据处理手
段。这一次基于深度学习的人工智能热潮，其核心就在于通过大规
模计算寻找海量数据中的规律，再运用该规律对具体任务进行预测
和决断。

　　以图像识别的深度学习算法为例。每一张图片表现为数字序列都
是大到几兆比特的大数据，而图像里的人对应于"谁"，是深度学习
的算法要找到的目标。深度学习就是建立原始数据——"图像"和图
像所表达的意思——"人名"之间的关系的一个特定的数学模型。这
个数学模型，通过自适应算法，可以在大量的数据和对应的目标之间
进行反复迭代而不断优化，以达到更高的准确率。这个模型的参数空

间里的每一个参数，不一定要对应于具体的含义，不一定需要有逻辑上的关系。人们只需要以效果来判定算法的好坏，只要求计算准确，而不需要理解参数的实际意义。正因为这样，深度学习也存在这样那样的隐患，因为我们对同样海量数据所构建的深度神经网络中的参数空间不能够完全理解，一些不可控的未知因素被逐渐发现，已有算法的漏洞也逐渐在研究中被观察到。

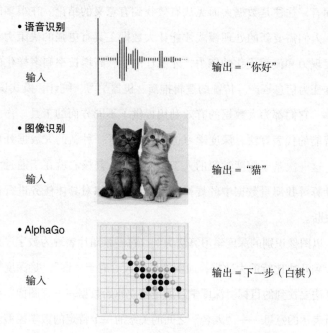

图 7-1　深度学习 ≈ 找到一个方程（足够大的矩阵）

　　人工智能技术取得突飞猛进的发展又得益于大数据的支持，正是因为有了海量数据，人工智能才能基于这些原材料进行相应训练。大数据是人工智能发展的基础，这是因为大多数人工智能技术依靠统计模型来进行数据的概率验算，通过把这些模型暴露在大数据中，使模型和参数不断优化，这或称为"训练"。有了大数据的支持，深度学习算法的输出结果会随着数据处理量的增大而更加准确。因此，学术及研究机构承担建设了公共数据集，其目的在于依靠优质数据的不断丰富，推动算法的进化和研究力量的不断成长。随着算法的相对成熟，行业数据集与产业结合紧密，行业也开始讨论人工智能的伦理学，与人类学、社会学、法律学、伦理学、生物学等领域展开更大范围的互动与合作，开展学术研究，不管有没有，都要摆出来未雨绸缪的姿态。

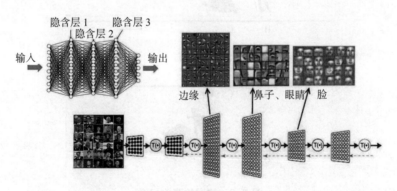

图7-2　典型的用于图像人脸识别的深度学习神经网络结构示意图

超越有限系统

早在两千年前，古希腊哲学家芝诺断言长跑健将阿喀琉斯跑不过乌龟，他这样推理：

假设乌龟的速度是阿喀琉斯的 1/10。先让乌龟跑 1 米，阿喀琉斯追上这 1 米，但乌龟在这期间又向前爬了 0.1 米，当阿喀琉斯追上这0.1 米时，乌龟又向前爬了 0.01 米，这样下去，只要乌龟先出发一点，阿喀琉斯就永远追不上乌龟。

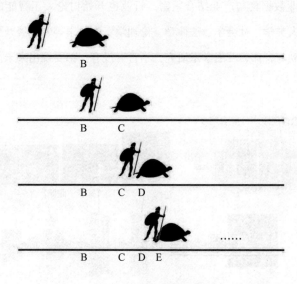

图 7-3 芝诺的赛跑问题

在 16 世纪，数学家开始认真地追究什么是无穷。牛顿和莱布尼茨这时已经开始在他们所发明的微积分中大量使用了无穷的概念。芝诺的赛跑问题在引入极限的概念之后得到了很好的解答。假设阿喀琉斯的速度是 1 米每秒，乌龟速度就是 0.1 米每秒。那么阿喀琉斯追上第一个 1 米要 1 秒，这时候乌龟爬过了 0.1 米，阿喀琉斯只要 0.1 秒就赶过了这个时间，所以阿喀琉斯追上乌龟的时间总共要 $1 + 0.1 + 0.01 + 0.001 + \cdots\cdots = 1\frac{1}{9}$ 秒。

但当数学家把无限的数字加在一起时发生了新的矛盾。如果列表中的数量变得更大，总和将"发散"，即随着数量接近无穷大，总和也是如此。通常我们会看到一组数的总和是：

$$1 + 2 + 3 + 4 + 5 + \cdots\cdots = 无穷大$$

但是，如果单个项迅速地变得越来越小，那么无穷多个项的和可以越来越接近有限的极限值，我们称之为系列的总和。例如：

$$1 + \frac{1}{9} + \frac{1}{25} + \frac{1}{36} + \frac{1}{49}\cdots\cdots + = 1.2337005\cdots\cdots$$

数学家们也开始担心特殊的无休止的总和：

$$1 - 1 + 1 - 1 + 1 - 1 + 1 - \cdots\cdots = ?????$$

如果你将系列分成几组，它看起来像（1–1）+（1–1）+……，依此类推。这只是 $0 + 0 + 0 + \cdots\cdots = 0$，总和为零。但想想如果这个系列是 1–（1 – 1 + 1 – 1 + 1 – 1……），它看起来像 1–（0）= 1。我们似乎证明了 0 = 1。

进一步假设：$s = 1 - 1 + 1 - 1 + 1 - 1 + 1 - \cdots\cdots$

那么，$s = 1 - (1 - 1 + 1 - 1 + 1 - \cdots\cdots) = 1 - s$

当 $s = \dfrac{1}{2}$，你可以看到一个更无法理解的计算结果：

$$1 - 1 + 1 - 1 + 1 - 1 + 1 \cdots\cdots = \dfrac{1}{2}$$

无穷大和有限大看来存在着本质的差别。我们当然可以拒绝数学中的无穷大，只处理有限数量的数字，或者，正如柯西（Augustin Cauchy）在 19 世纪初针对类似的问题所展示的那样，一个无穷系列的总和必须通过更详细地指定其总和的含义来定义。在这里我们就看到一个简单的例子，一个通过扩大到无限形成的好玩的数学例子，还是要提醒读者，这些例子只有在数学上允许，物理上却无法实现，这也看出了数学和物理之间似乎真实地存在差别。

将 $y = \dfrac{1}{x}$ 中 $x \geqslant 1$ 的部分绕着 x 轴旋转一圈，能得到一个小号状图形。这个小号状图形有一个神奇的性质——它的表面积无穷大，可它的体积却是 π ——一个确定的有限值。这明显有悖于人类的常识：体积有限的物体，表面积却可以是无限的！换句话说，填满整个小号只需要有限的油漆，但把小号的表面刷一遍，却需要无限多的油漆！二维几何悖论中还有科赫雪花（Koch Snowflake）。科赫雪花是一种经过无穷多次迭代生成的分形图形。它的面积有限，周长却是无限的。用无限的周长包围了一块有限的面积！

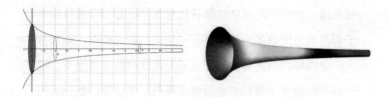

图7-4　体积有限，表面积却是无限的小号状图形

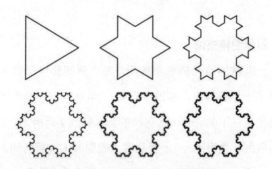

图7-5　面积有限，周长却是无限的科赫雪花

无穷长的杆子不会动

有一张无限大的桌子上固定一个三脚支架。把一根无穷长的金属杆的一头固定在三脚架上，另一头伸向无穷远处。金属杆可以绕着三脚架顶端自由地上下转动。假设金属杆和桌子都是牛顿力学中常见的刚体。在一切牛顿力学中合理的前提条件下，神奇的事情发生了，即使只有一端被支撑,这根无限长的金属杆也根本不会动!金属杆和桌子都是无穷坚硬的刚体,杆子一旦动,就会相交,必然有一个会损坏,但刚体的假设又不允许这样的事情发生,唯一的可能就是金属杆与桌面绝对平行。那么我们看到的现象就是一根无限长的金属杆,仅仅靠一个点就可以保持水平!

希尔伯特旅馆

一家旅馆有无穷多个房间,每个房间都住了客人。一天来了一个新客人,旅馆老板说:"虽然我们已经客满,但你还是能住下的。让 1 号房间的客人搬到 2 号房间,2 号房客人搬到 3 号房间……n 号房客人搬到 n + 1 号房间,你就可以住进 1 号房间了。"又一天,来了无穷多个客人,老板又说:"不用担心,大家仍然都能住进来。我让 1 号房客人搬到 2 号房间,2 号房客人搬到 4 号房,3 号搬到 6 号……n 号搬到 2n 号,然后你们依次住进奇数号的房间吧。"

这就是希尔伯特提出的关于无穷大的悖论。虽然人们把它叫作一个"悖论",它在逻辑上却是完全正确的,只不过大大出乎我们的意料罢了。

意大利数学家伽利略在他的最后一本科学著作《两种新科

学》（*Two New Sciences*）中提到一个问题：正整数集合 {1,2,3,4……}
和平方数集合 {1^2，2^2，3^2，4^2……} 哪个更大呢？ 一方面，正整数集
合里包含了所有的平方数，前者显然比后者大；可另一方面，每个正
整数平方之后都唯一地对应了一个平方数，两个集合大小应该相等才
对。伽利略比较早地使用了一一对应的思想来研究无限大，可惜没有
沿着这个思路更进一步思考下去。最后他得出的结论就是，无限集是
无法比较大小的。

　　说到这里，我们不得不提到德国另一位伟大的数学家康托，他建
立了集合论，系统地研究了集合（尤其是无穷集合）的大小，只不过
这个大小不是简单地叫作"大小"了，而是叫势（cardinality）。如果
两个集合间的元素能建立起一一对应的关系，我们就说它们等势，这
也是我们比较集合大小的方式。当我们数大教室里是不是坐满了学
生，我只需要把座位和人对应起来。一个座位上坐一个人，而不需要
把人数一遍，再把座位数一遍，最后看人数是不是等于座位数。我们
只要把每一个数都对应为一个可数的自然数，那么这两个无穷大就是
相等的。康托第一次认真研究了无穷的概念，并用了我们前面使用的
证明哥德尔不完备定理的类似方式——对角线法，证明了 0 到 1 之间
的无理数的数量是大于有理数的数量的。即，无理数的无穷多比自
然数的无穷多要多，是更高级的无穷大。而"希尔伯特的旅馆"形
象地说明了正整数集合和正偶数集合是等势的。一切和自然数集合
等势的集合都称为可数集合（countable set），否则就叫作不可数集合

（uncountable set）。可数的无穷大是一样大的，即偶数跟自然数一样多，这也跟我们的常识不太一致，但数学上它是对的。

问题是，今天作为人工智能基础的计算机，无论其存储还是内存有多大，都还是有限的，都还是可数的，都不是可以代表实数的无穷大，连可数的无穷大都不是。我们并不能用计算机表达一个真正意义上的无穷大。我们也无法用计算机表达一个无理数，甚至一个无限循环小数，它不得不截断到计算机作为一个物理设备所限制的对数字的表达。用一些特殊的算法，我们可以表达一个非常长的数字，但即使这样，一个无理数也会被截断。我们可以用几何和符号表达 π，并且理解它的含义。但在使用计算机的时候，我们不得不用它的近似值 3.14，或 3.1415927，无论相差有多小，都还是个有限长的有理数，是 π 的近似值。这些近似很多时候会被忽略，但在有些场景下会被放大，例如随机函数发生器就是一种放大这种细微差异的算法。一个有混沌特性的方程，也可以用来放大这种差异：本来两个输入值是可以忽略掉的，例如 3.1415927 和 3.1415926，但经过这个方程的多次迭代之后算出来的结果就可能是天壤之别了。

机器相对我们人类的数学认知而言，既不能理解甚至表达无穷大，又不能理解甚至表达无穷小。物理设备的有限性妨碍了这些概念在机器表达中的实现。我们可以看到这其中有一些重要的差别，但关于无穷的认知是否是构成机器和人类思维的界限呢？

然而，物理学却给出了一个跟我们已有数学认知不太一致的底层问题，这个问题需要数学表达方式的进一步发展才可能有最终的解决方案。根据量子力学，我们生活的世界，例如时空，也并不是由连续的无穷小构成。从时间上讲，有普朗克时间，光波在真空里传播一个普朗克长度的距离所需的时间，数值大约为 5.39×10^{-44} 秒，它是最小的时间间隔。同样的，空间也有最小的颗粒，大概是 1.62×10^{-35} 米。物理上也并不允许存在无穷这样的概念，比如黑洞的密度可以到无穷大，对黑洞的结构现有的物理定律并不能够解释。同样，对宇宙的时间起点，现有的物理理论适用于大爆炸发生后 10^{-44} 秒以后的事，这之前现有的物理规律并不适用，因为又有无穷大。

在物理世界回避哥德尔不完备定理的另一种方式是，审视和考量物理世界是不是只使用到了数学的有限的可判定部分。数学可以存在无限，而物理并不存在无限。只有部分数学的结构和模式存在与物理世界中的对应，物理的相关命题可能都是来自数学命题中基于可判定陈述的那部分数学，而不是全部的数学。

图灵机

人类喜欢秩序、模式和规范。我们对于任何有意义的数字序列都感兴趣。从数拥有多少头家畜中我们发明了自然数，从测量中我们发明了有理数，从几何中我们发明了无理数。对不同的数的操作构成了算法。从古希腊开始的数学的基本认知在其形成很久以后，13 世纪的西班牙数学家拉蒙·柳利（Ramon Llull）认为数学逻辑推理可以用人造的机械来实现。16 世纪的英国数学家托马斯·霍布斯（Thomas Hobbes）认为头脑里的逻辑推理可以表达为数值计算，"我们在无声的思维中加加减减"。在 1500 年前后，达·芬奇（Leonardo da Vinci）设计了一台机械计算机，但他并没有建造出这台机器。更出名的计算机 Pascaline 是由法国数学家、机械师布莱士·帕斯卡（Blaise Pascal）在 1642 年建造的。在这不久之前，已知的更早的一台可以被称为计算机器的设备是由德国科学家威廉·施卡德（Wihelm Schickard）在 1623 年左右建造的。布莱士·帕斯卡写道："算数机器产生了明显比所有动物行为更接近思维的效果。"莱布尼茨建造了一个试图对概念而不是对数学执行操作的机械装置，但是其使用范围非常有限。莱布尼茨建造的计算机器确实超过了帕斯卡的，因为莱布尼茨建造的计算器能加、减、乘、求根，而 Pascaline 只能加与减。从算盘到计算尺，再到机械计算器和计算芯片，人类在计算工具上的探索一直到今天都还没有停歇。图灵的天才之处在于，他认识到，在任何计算器中可执行的任何算法（即任何程序）都可以通用图灵机（Universal Turing Machine，简写为 UTM）实现。于是，除了完全由硬件部分决定的计算机速度外，通用图灵机可以做任何计算机可以做的事情。而任何一台计算机都是通用图灵机的某种变体，它们是等效的。

1934 年春天，哥德尔在普林斯顿做了一系列讲演。在讲演中，哥德尔引入了一类可以精确定义的可计算函数，他称之为一般递归函数。递归的概念意味着函数在运行的过程中调用自己，事实上，这也意味着无法避免的可怕的自指。这项工作很快成为图灵机的基石。

1936 年，英国年轻数学家图灵发表了一篇重要文章《论可计算数及其在判定问题中的应用》，标志着图灵机的诞生。图灵在他的这篇开创性的论文中，提出了著名的"图灵机"的设想。他将逻辑中的任意命题用一种通用的机器来表示和计算，并按照一定的规则推导出结论，其结果是：可计算函数可以等价为图灵机能计算的函数。在这篇文章中，图灵定义了用图灵机可以计算的函数，同时，他也提出了一个论点："可计算的函数"与"用图灵机可计算的函数"是一回事。换句话说，图灵机能计算的函数便是可计算的函数，图灵机无法计算的函数便是不可计算的函数。同时期，美国数学家丘奇（Alonzo Church）也得到了相同的结论。"所有计算或算法都可以由一台图灵机来执行"的观点便被称为"丘奇—图灵论题"。

图灵机由四个部分组成：

1. 输入集合，一个无限长的存储纸带，带子由一个个连续的存储格子组成，每个格子可以存储一个数字或符号；

2. 输出集合，一个读写头，读写头可以在存储带上左右移动，并可以读、修改存储格上的数字或符号；

3. 内部状态存储器，该存储器可以记录图灵机的当前状态，并且有一种特殊状态为停机状态；

4.状态转移表（固定的程序指令），指令可以根据当前状态以及当前读写头所指的格子上的符号来确定读写头下一步的动作（左移还是右移），并改变状态存储器的值，令机器进入一个新的状态或保持状态不变。

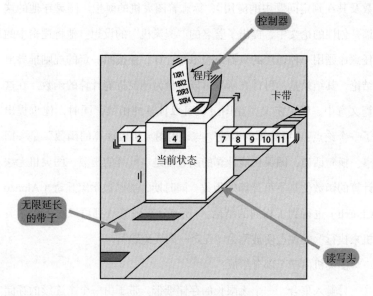

图 7-6　图灵机理论示意图

整台图灵机的核心在于读写头的状态转移表，它指示着读写头的状态和当前读写头正对格子的符号如何变化。状态转移表就是由一系列这样的简单规则组成的，它相当于图灵机的源代码。

图灵机的运转和我们笔算的思维过程非常相似：在每个时刻，我们只将注意力集中在一个地方，根据已经读到的信息移动笔尖，在纸上写下符号；而指示我们写什么和怎么写的，则是早已背好的九九乘法表，以及简单的加法。如果将一个笔算乘法的人看成一台图灵机，纸带就是用于记录的纸张，读写头就是这个人和他手上的笔，而状态转移表则是笔算乘法的规则，包括九九表、列式的方法，等等。这种模式似乎也适用于更复杂的机械计算任务。如此看来，图灵机虽然看起来简单，但它足以作为机械计算的定义。

下面我们通过一个小例子来了解下图灵机到底是如何进行计算的。这个例子比较简单，我们将在空白的纸带上打印 1、1、0 三个数字。

假设有一条无限长的纸带，纸条上有一个个方格，每个方格可以存储一个符号，纸条可以向左或向右运动。

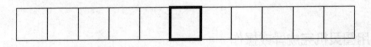

图灵机进行下面 3 个基本的操作：

1. 读取指针头所指的方框里的符号。

2. 修改方框中的字符。

3. 将纸带向左或向右移动，以便修改其临近方框的值。

首先，我们向指针头指向的方框中写入数字 1：

接着，我们让纸带向左移动一个方框：

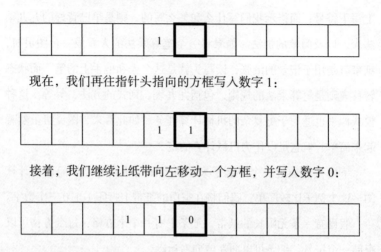

现在，我们再往指针头指向的方框写入数字 1：

接着，我们继续让纸带向左移动一个方框，并写入数字 0：

这样我们就完成了一个简单的图灵机操作。

用图灵机完成异或操作

a、b 代表两个二进制变量。那么它们的异或关系（计作 $a \oplus b$）是，如果 a、b 两个值不相同，则异或结果为 1。如果 a、b 两个值相同，异或结果为 0。

接下来我们尝试一个稍微复杂点的操作，我们尝试对 1、1、0 三个数做一个异或操作，将 110 变为 001。要让图灵机完成计算，就类似于向图灵机输入表 7–1 中的操作指令，这些指令组成一个小程序。

表 7-1 向图灵机输入的操作指令

读到的符号	写入指令	移动指令
空	—	—
0	写入 1	向右移动纸带
1	写入 0	向右移动纸带

我们假设图灵机纸带现在的状态如下：

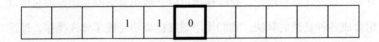

现在读取到的符号是 0，按照操作指令，我们应该往方框写入 1 并向右移动一个方框：

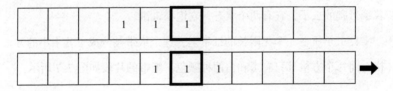

现在读取到的符号是 1，按照操作指令，我们应该往方框写入 0 并向右移动一个方框：

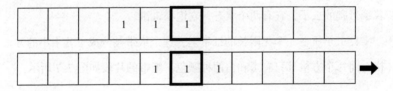

类似地，现在读取到的符号是 1，我们重复相同的操作。

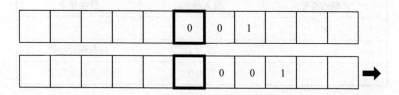

最后，我们读取到了一个空白字符，图灵机不做任何操作。按照复杂一点的计算机理论，异或操作可以是通用算法的基础，即它可以组合成各种复杂的算法。我们使用图灵机成功完成了异或操作，理论上来讲也就可以完成加法、减法、乘法、除法操作，只不过是实现的步骤复杂些而已。

我们再看一个稍微复杂一点的例子。我们把读写头当作一只能顺着纸带爬的虫子，它有两个状态，吃饱和饥饿。

1. 虫子所在一个无限长的纸带上，这个纸带被分成了若干小的方格，而每个方格都只有黑和白两种颜色。纸带的片段如图 7–7 所示：

开始

图 7–7

2. 虫子根据当前所在格子的颜色查表做出行动。

3. 每一步虫子可以向右移动一个格子或向左移动一个格子。

4. 虫子的操作程序为：黑色有食物，虫子吃到食物右移一格，白色是空白区，没有食物左移一格，即：

表 7-2 虫子的操作程序

输入	操作
黑色	右移一格
白色	左移一格

在这个情况下格子的颜色是虫子的输入信息，集合为：{ 黑色，白色 }，操作指令：{ 右移一格，左移一格 }。

从图 7-7 中"开始"位置开始，虫子会怎么移动呢？

1. 开始是黑色，虫子右移一格，到达第 2 格；

2. 第 2 格黑色，虫子右移一格，到达第 3 格；

3. 第 3 格黑色，虫子右移一格，到达第 4 格；

4. 第 4 格白色，虫子左移一格，回到第 3 格；

5. 第 3 格黑色，虫子右移一格，到达第 4 格；

6. 第 4 格白色，虫子左移一格，回到第 3 格；

7.……

可见，虫子会在这条带子上的第 4 格和第 3 格之间来回移动循环不止，进入死循环。

我们假设一个复杂点的情况，虫子会有饥饿、吃饱两种状态，食物可以被虫子吃掉或种植。假设黑色方格是有食物，虫子可以吃掉它，虫子就会感觉饱了。当读入的信息是白色方格的时候，虽然没有食物但它仍然维持吃饱状态，只有当再次读入黑色方格时它才会感觉饥饿，这并没有实质的道理，仅是规则而已。

我们在该设定中改进下模型：

1. 虫子所在格子为黑色时

（1）如果虫子处于吃饱状态，虫子不吃食物，格子还是黑色，虫子左移一格，虫子状态变为饥饿；

（2）如果虫子处于饥饿状态，虫子吃掉食物，格子变成白色，虫子不动，虫子状态变为吃饱。

2. 虫子所在格子为白色时

（1）如果虫子是吃饱状态，虫子不吃食物，格子还是白色，虫子右移一格，虫子仍为吃饱状态；

（2）如果虫子是饥饿状态，虫子种植食物，格子变为黑色，虫子不动，虫子仍为饥饿状态。

那么，虫子的操作程序如表7-3：

表7-3　改进后的虫子操作程序

输入	当前状态	读写头操作	下一个状态	纸带输出
黑色	吃饱	左移一格	饥饿	黑色
黑色	饥饿	吃掉食物格子变白（不移动）	吃饱	白色

（续表）

输入	当前状态	读写头操作	下一个状态	纸带输出
白色	吃饱	右移一格	吃饱	白色
白色	饥饿	种植食物格子变黑（不移动）	饥饿	黑色

在这种情况中，输入集合为 { 黑色，白色 }，输出集合为 { 左移一格，右移一格，吃掉食物格子变白，种植食物格子变黑 }，虫子内部状态 { 吃饱，饥饿 }。

假设虫子初始是饥饿状态，从图 7–8 中"开始"位置启动程序：

开始

图 7–8

1. "开始"格是黑色，虫子为饥饿状态，吃掉食物开始格子变白，虫子不移动，虫子新状态为吃饱；

2. "开始"格为白色，虫子为吃饱状态，虫子右移一格，到达第 2 格，虫子状态仍为吃饱；

3. 第 2 格为白色，虫子为吃饱状态，虫子右移一格，到达第 3 格，虫子状态仍为吃饱；

4. 第 3 格为白色，虫子为吃饱状态，虫子右移一格，到达第 4 格，虫子状态仍为吃饱；

5. 第4格为黑色，虫子为吃饱状态，虫子左移一格，到达第3格，虫子新状态为饥饿；

6. 第3格为白色，虫子为饥饿状态，虫子要停留一下种植食物，格子变黑，虫子状态仍为饥饿；

7. 第3格为黑色，虫子为饥饿状态，吃掉食物第3格变白，虫子不移动，虫子新状态为吃饱；

8. 第3格为白色，虫子为吃饱状态，虫子右移一格，到达第4格，虫子状态仍为吃饱；

9. 第4格为黑色，虫子为吃饱状态，虫子左移一格，到达第3格，虫子新状态为饥饿；

10.……

我们发现，这个程序似乎又在第3格和第4格之间无限循环起来了。图灵发现了这个问题，那么能不能也做一台超级算法机器来让它自动判断任何一个图灵机是否能进入无限循环呢？

1936年图灵在他那篇著名的论文中指出形式逻辑系统和通用图灵机之间的等价性。一台图灵机执行算法的行为和一个人由前提到结论而进行演绎推理所遵循的逻辑的、一步一步的推理之间的对应。简言之就是，当给定任何一台具有无限记忆的数字计算机 C 时，我们可以找到一个形式系统 F，使 C 的可能输出与 F 中可能的定理是一致的，反之亦然。借用这种等价性，图灵用计算机理论术语将哥德尔不完备性问题重新表述为图灵不停机问题。他证明这两个问题在逻辑上是等价的。

哥德尔不完备定理

对于任何自洽的、声称要判定所有算术陈述的，即证明或否定它们的形式系统 F，都存在一个算术命题，在该系统中既不能证实，也不能证伪。因此，形式系统 F 是不完备的。

图灵不停机定理

对于任何声称要判定所有图灵机程序是否停机的图灵机程序 H，都存在一个程序 P 和输入 I，使得程序 H 不能判定处理数据 I 时，P 是否会停机。

图灵机的意义——探索计算的极限

既然图灵机如此简单，能不能将它"升级"，赋予它更多的硬件和自由度，使它变得更强大呢？比如说，让它拥有多条纸带和对应的读写头，而纸带上也不再限定两种符号，而是三种、四种甚至更多种符号？的确，放宽限制之后，在某种程度上，对于相同的任务我们能设计出更快的图灵机，但从本质上来说，"升级"后的图灵机能完成的任务，虽然也许会慢点但原来的图灵机也一样能完成。也就是说，这种"升级"在可计算性上并没有实质性的突破，放宽限制后的机器能计算的，原来的通用图灵机也能完成。既然计算能力没有质的变化，无论采取什么样的结构，用多少种符号，都还是台图灵机。

图灵机的核心在于它的简单。这给物理上实现一台真实可用的并且可以解决"任何可描述问题"的机器铺设了道路。对于工程师而言，只要给出状态转移表，在现实中用机械建造一台图灵机并非什么难事。数学家冯·诺依曼就在图灵机模型的基础上提出了奠定现代计算机基础的冯·诺依曼架构。这种架构以运算器为中心，输入输出设备和存储器之间的数据传送通过控制器完成。从第一台每秒可以进行数千次计算的埃尼阿克（ENIAC）计算机起，到至今每秒可以进行数亿亿次运算的中国神威·太湖之光超级计算机，现代计算机的发展依旧遵循着冯·诺依曼体系。从 20 世纪 40 年代到今天，以图灵机为基础的计算机，已经深入到我们生活中的每一个角落。没有图灵机，现代人类简直无法生存，而图灵机恰恰是人工智能的基础，无论人工智能有多么雄伟壮阔的图景，它都还是一台图灵机，无非是复杂了一点，计算速度快了一点。

但我们很快就会有新的问题，是否每一个问题都可计算？会不会出现像逻辑中的悖论一样有无法判定的问题？图灵为了解答这个问题，基于他设计的能够模拟所有计算的机器，证明了：这个机器在有限时间内能够执行完毕的问题便是可以判定的问题，这个机器无法在有限时间内执行完毕的问题便是不可以判定的问题。而且由于哥德尔不完备定理的存在，图灵机中一样存在不可判定问题，而且无法避免。

图灵机模型是目前为止应用最为广泛的经典计算模型，没有之一。除了我们将要讨论到的量子计算的一些迹象之外，目前尚未找到其他计算模型可以计算图灵机无法计算的问题。图灵停机问题开启了可计算性理论的序幕，这是计算学科最核心的理论之一。图灵也提出了可以用计算机解决的问题的判定方法，为计算机编程语言的发展奠定了基础。

通用图灵机是现代通用计算机的理论原型，为现代计算机指明了发展方向，肯定了现代计算机实现的可能性。1936年，冯·诺依曼再次慧眼识英雄，就像他高度评价哥德尔一样，他高度评价了图灵。而正是冯·诺依曼给这个领域取名为"可计算性"。判定问题有了精确的数学表述之后，立即在数学基础乃至整个数学界中产生了巨大的影响。因为这时一些不可判定命题的出现，标志着人们在数学历史上从另外一个角度认识到：有一些问题虽然有答案，但是不可能找到算法解的。在过去，人们一直模模糊糊地觉得，任何一个精确表述的数学问题总可以通过有限步骤来判定它是对还是错，是有解还是没有解。找到不可判定问题再一次说明用有限过程对付无穷的局限性，它从另外一个角度反映了数学内在的固有矛盾。一旦算法的精确定义由图灵机完成，人们同样认识到这躲不过哥德尔不完备定理的影响，可计算性和不完备性这两个概念是紧密联系在一起的。

用图灵机来模拟生命

数学家约翰·康威（John Conway）在 1970 年发明了著名计算机程序"康威生命游戏"，"康威生命游戏"具有图灵机的普适性，可以模拟任何其他生命游戏规则系统。这个生命游戏由一些基于简单数学规则的元细胞组成，它能模拟出细胞的生、死以及繁殖的过程。"康威生命游戏"的基本思想是给定一个初始构型，然后观察该构型按照"康威生命游戏"的基本规则如何变化（对应于我们前面所讲的图灵机的状态转移表：程序）。

生命游戏的基本规则如下：

1. 元细胞分布在规则划分的二维方形网格上；

2. 元细胞具有 0、1 两种状态，0 代表"死"，1 代表"生"；

3. 一个元细胞下一个时刻的生死由本时刻本身的生死状态和周围 8 个邻居的状态决定，即：

对于活的元细胞：

（1）生存：如果该元细胞的邻居中有 2 个或者 3 个元胞是活的，那么它将继续生存下去；

（2）死亡：如果它的邻居有 4 个及以上元细胞是活的，那么它将死于拥挤；如果它的邻居只有一个或者没有活的元细胞，那么它将死于缺乏交流。

对于死的元细胞：

繁殖：如果它的邻居有 3 个元细胞是活的，那么它将变成活的元细胞。

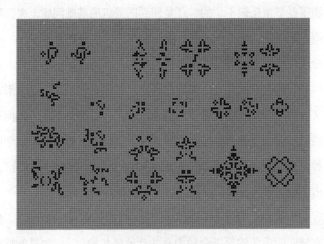

图 7-9　康威生命游戏

不难用任何今天的计算机语言来在计算机上实现康威的生命游戏，你可以看到一个初始的形状的元细胞组合体（元生物）可完成移动、吞噬、甚至繁殖等基本生命的动作。

图灵机所不能够

既然一切只是效率问题，无论从算法上看，还是从硬件基础的进步和高效上看，人工智能都不会解决图灵机解决不了的问题，无论如何，到今天为止，人工智能还是基于图灵机来实现的。所以，要看人工智能哪些事情是做不了的，还是回到图灵机的基础问题上来。图灵机做不了的事情，无论今天的计算机如何强大，也都做不了。

希尔伯特提出过著名的希尔伯特规划，即给定足够的公理，运用机械推导，能否对所有合法表述的表达式提供正误判断。这个形式数学主义者所怀的梦想被哥德尔无情地击碎了。虽然梦不在了，但有新的思路可以尝试。是否存在能在原则上一个接一个解决所有数学问题的某种一般机械步骤？那么问题的关键在于什么是"机械推导"，图灵给出了他的解决方案，并从此打开了新世界的大门。

有了图灵机，对于任何数学问题我们都可以写一个程序，如果它在有效时间内能够判定命题为真的话就停机输出 1，如果能够判定命题为假的话也可以停机输出 0。如果我们能够证明这是个普遍的办法，那就可以解决一切数学问题了。这是不是很熟悉？希尔伯特正是想这么做的。我们假设这样做是可以的，即，我们能够找到这样一个在图灵机上可以实现的普适性的算法。

停机问题

当我们设计了能够解决可描述问题的通用图灵机的时候，并且设计了它的输入输出和运算机制，一个自然的问题是：一台图灵机什么时候会停下来呢？假设给它一个计算机程序的源代码，也给它所有程序要用的数据、文件、硬盘、DVD（数字通用光盘）等等，所有它处理时需要的东西。它能告诉我程序最终能够输出我们需要的结果吗？并且在工作完成之后，程序是退出，还是会永远运行下去不会停止呢？换句话说就是，对于它会不会停止这个问题，仅仅检查程序和数据本身，是不是足以让它回答是或否呢？

更严格地说，会不会停机并不是图灵机本身的属性，它跟纸带的初始输入也有关系。对于同一台图灵机，不同的纸带输入也可能导致不同的结果和行为。比如说，我可以设计一台图灵机，它的任务只有一个：一步一步向右移动，寻找输入中的第一个 1。如果输入纸带上全是 0 的话，那么，这台图灵机自然不会停止；但只要纸带上有一个 1，那么它就会停止。所以，真正严谨的问题是：给定一台通用图灵机以及一个输入 k，如果我们将 k 输入通用图灵机，然后让通用图灵机开始运行，这时通用图灵机是会不停运转下去，还是会在一段时间后停止？是否存在一个算法，能够在有限时间内判定一对（算法，输入）的组合是否停机，我们称之为图灵停机问题。这个问题之所以重要，是因为我们最终将证明通用图灵机范畴之内不存在这样一个算法，而人脑又能通过在系统之外的洞察判定这一对（算法，输入）的组合是否会停机，我们跟它们不一样。

乍看起来，停机问题并不难。既然我们有通用图灵机这一强大的武器，那么只需要用它一步步模拟通用图灵机在输入 k 上的计算过程就可以了。如果模拟过程在一段时间后停止了，我们当然可以得出"通用图灵机在输入 k 上会停止"这个结论。问题是，在模拟过程停止之前，我们不可能知道整个计算过程到底是不会停止，还是可能会在 3 分钟后停止，可能要等上十年八载，更有可能永远都不会停止。换句话说，用模拟的方法，我们只能知道某个程序在某个输入上会停止，但永远不能确定那些不停止的状况。所以说，单纯的模拟是不能解决停机问题的。

我们将编码为 n 的图灵机称为 T_n，则存在一个算法，能够模拟任何其他的图灵机，我们称之为通用图灵机，用 UTM 表示。其运行性质为，输入数据分两个部分，n 和 k，$U(n, k) = T_n(k)$。

假设存在这样一个算法 H，总能够在有限时间内判定一对（算法，输入）的组合是否停机，并且输出 0 或 1。

$$H(n, k) =$$

$$0, \quad T_n(k) \quad 不停机；$$

$$1, \quad T_n(k) \quad 停机；$$

接下来我们通过将两个算法结合起来生成一个新的算法 $Q(n, k)$：

1. 先通过 $H(n, k)$ 判定是否停机；

2. 如果停机，则输出 $T_n(k)$；

3. 如果不停机，则输出 0。

新算法可以表达为 $Q(n, k) = T_n(k) \times H(n, k) = U(n, k) \times H(n, k)$。接下来，定义 $T_w(k) = 1 + Q(k, k) = 1 + T_k(k) \times H(k,$

k），则当计算 $T_w(w)$ 时，会遇上一个不可调和的矛盾：

$$T_w(w) = 1 + T_w(w) \times H(w, w)$$

如果 $T_w(w)$ 会停机，那么最后得到的结果为 $T_w(w)= 1 + T_w(w)$；

如果 $T_w(w)$ 不会停机，那么会和其定义冲突，因为等式右边的表达式总能在有限时间内停机。

所以不存在算法 H，能够在有限时间内判定一对（算法，输入）的组合是否停机。

似乎是个特例，但停机问题涉及的范围可能要比我们想象中的复杂得多。

程序员碰到的最常见的问题就是一个程序写完运行后会陷入死循环。比如：当 $x>2$，让 x 除以 1，如果 x 一开始就比 2 大，这个语句就会死循环。这个例子很简单。再举个例子，我们可以编写一个程序 GC，它遍历所有 ≥4 的偶数，尝试将这样的偶数分成两个质数的和。如果它遇到一个不能被分解为两个质数之和的偶数，它就停机并输出这个偶数；否则，它就一直运行下去。用现代的工具编写一个演算 GC 的程序，对于计算机系的学生最多只能算一次大作业，不是什么困难的事。

从第一个数字 4 开始，每一个需要被检验的数字都是一个偶数。而每一个小于这一偶数的质数都有特定的判定方法，即用 2 来除这个数，一直到比这个数都小的自然数都除过了，如果能被整除，那么它就不是一个质数，如果都不能整除，那么它就是个质数。那么这个程序能够停止吗？事实上，如果它真的能停止的话，哥德巴赫猜想就被证否了。因为我们真的找到一个反例，一个偶数，不能被写成两个质数的和。

问题并不复杂，而且对任何现代的计算机语言而言，描述它的算法都很简单。上面的语句描述的是著名的哥德巴赫猜想，三百年来它都是不可证明的。然而，GC 是否会停止可是牵涉到了哥德巴赫猜想。如果哥德巴赫猜想是正确的，每个大于 4 的偶数始终都能分解为两个质数之和的话，那么 GC 自然会一直运行下去，不会停机；如果哥德巴赫猜想是错误的话，必定存在一个最小的反例，它不能分解为两个质数之和，而 GC 在遇到这个反例时就会停机。也就是说，GC 是否永远运行下去，等价于哥德巴赫猜想是否成立。如果我们能判定 GC 是否会停止，那我们就解决了哥德巴赫猜想。程序仅仅检查这个语句"每个大于 2 的偶数能够用两个质数之和表示"是否为真，然后移到下一个偶数。对所有前 4000 万亿个数检查下来，它都是正确的，但我们仍然没有得到一个真正的数学证明。关键在于，知道这几行代码是否运行停止就等于是否可以证明哥德巴赫猜想！如果猜想是真则软件不会停止，检查所有直到无穷大的数，都不会发现任何一个破坏这个规则的数；如果猜想为假，那软件就会在找到第一个破坏规则的数之后停止。

很明显图灵机所执行的程序只是另一个运用逻辑形式系统的方法。我们也能用语言或者软件，甚至更低级别的纯粹的哥德尔风格的配数，如果想的话。然而，基本上，几行语句就能够表示数学上最基础的问题。知道什么时候程序会停止从而给出我们想要的结果，和证明这类难题一样困难。我们甚至可以重新用哥德尔的递归函数来写这个程序，然后写这样一个语句"这个函数在某个数之后停止是否为真"。这同样是又一次证明了这个语句和证明哥德巴赫猜想是一样的。

哥德巴赫猜想目前是数学上一个很著名的不可解问题。或许某天有人会真正找到证明；但也很可能是某人证明这个猜想是不可判定的，即在算术领域里不存在对哥德巴赫猜想的证明。这样的证明不可思议的难，但类似的问题也曾经被证明过。哥德尔不完备定理事实上说明了关于它的证明有可能是不存在的，至少在算术范畴内是不存在的。

数学中的很多猜想，比如说 $3x+1$ 猜想（任取一个自然数，如果它是偶数，我们就把它除以 2，如果它是奇数，我们就把它乘 3 再加上 1。如果反复使用这个变换，我们就会得到一串自然数，这串自然数的最后一个是 1）、黎曼猜想等，都可以用类似的方法转化为判断一个程序是否会停止的问题。如果存在一个程序，能判断所有可能的图灵机在所有可能的输入上是否会停止的话，那么只要利用这个程序，我们就能证明一大堆重要的数学猜想。我们可以说，停机问题比所有这些猜想更难更复杂，因为这些困难的数学猜想都不过是一般的停机问题的一个特例。如果停机问题可以被完全解决，我们能写出一个程序来判断任意图灵机是否会停机的话，那么相当多的数学家都要丢饭碗了。

然而，图灵证明了判别通用图灵机运行是否可以停机的图灵机并不存在，图灵机停机问题是个不可计算问题。这同时说明了在数学和信息学中，并不存在一个终极理论或者算法来解决所有问题，总有些问题是不可计算的。图灵对于停机问题不可解决的证明是决定性的。没有一个程序仅靠检查另一个程序的源代码，就能够决定它是会停止运行，还是会永远运行下去的问题。这是从图灵机的角度对哥德尔证明的重新表述。这个证明与哥德尔的证明是相同的，只是更容易理解，这个证明可以表示成简单的代码，而不是令人费解的运行在《数学原理》逻辑语法上的函数。

而哥德尔第二不完备定理告诉我们，不存在一个通用算法来判别哪些问题是自洽的。如果一个语句是不可判定的，你不能作弊，只能写一个程序去检查它。程序虽然可以轻易表达这个陈述，但它可能会用无尽的时间去完成它的工作。只要语句的不可判定无法证明，你就证明不了程序是不是会停止。

停机问题如此复杂，机械的计算看起来没有足够的力量来完全解决它。但要想严格证明这个结论，似乎仍要求助于深藏在哥德尔不完备定理的证明中，那魔法般的自指。图灵机版本的关于不完备的证明，会让这种自指的复杂性扩散到图灵机所覆盖的所有问题中，即，任何可描述算法。这是个细思极恐的推论，因为我们还有个策略是，像鸵鸟一样明知道哥德尔不完备定理无法避免，但仍幻想它毕竟指的是极少数特殊情况下的问题，只要视而不见就可以了。但哥德尔不完备定理通过图灵机延伸到所有可描述问题，即，我们可以了解并说清楚的所有问题；不可描述的问题，是我们的未知问题，已知问题，我们都可以描述了。这样，哥德尔的不完备定理，也随着图灵机延伸到我们用现代计算机所涉猎的所有问题，这当然也包括人工智能。

NP 不可解问题

1956 年，哥德尔在给冯·诺依曼的信里讲到他对计算复杂性的认识。

哥德尔说，对命题证明中的每个公式 F 和每个自然数 n，人们很容易就能构造图灵机来判定 F 是否有长度为 N 的证明。给定这样一个机器，人们就能定义一个 F 和 n 的函数 ψ，使得 $\psi(F, n)$ 是机器判定所需的步骤 N，对于 F 而言，N 增长有多快？如果增长是 n 或 n^2，那将非常有意义。哥德尔对这个问题的认识再次证明了他对什么是最基本问题的直觉把握，这事实上是计算复杂性问题的最早表述，也成为计算机科学的另一个核心未解的问题。

对于一个算法，人们能够分析出运算时间与数据量之间的大致函数关系，这个关系被称为时间复杂度，它定量描述了该算法的运行时间。

假设有 n 个数要排序。一个初级的冒泡排序算法所需时间与 n^2

成正比，快一点的算法所需时间与 $nlog(n)$ 成正比。最不实用的算法就是输入的数字随机排列，直到出现完全有序的情况为止，这被戏称为"猴子排序法"（Bogo-sort）。前两个算法的时间复杂度分别记为 $O(n^2)$、$O(nlogn)$，最后一种平均时间复杂度则达到了 $O(n \cdot n!)$。前两种算法的复杂度是 n 的多项式函数，最后一种算法的复杂度是 n 的阶乘。当 n 特别小时，多项式级的算法已经快过指数级的算法；当 n 非常大时，人类根本看不到指数级复杂度算法结束的那天。如果问题存在多项式级复杂度的算法，这个问题就是 P（polynomial，即多项式）问题。这意味着，即使面对大规模数据，人们也能相对容易地得到一个解。对应的，NP 问题，不确定为是否是 P 问题的问题。NP 问题指的是，能在多项式时间内检验一个解是否正确的问题，但找到这个解通常需要很长时间和计算量。比如电子邮箱账户的密码，能在多项式时间内验证一个字符串是否等于这个密码，但需要跟密码位数 l 成 K^l 数量级的猜测（K 是键盘上的有效字符数），所以"破译密码"是一个 NP 问题。

图 7-10 中最小的一个框 P 代表的是传统计算机所能快速解决的一系列问题，而 NP 则是传统计算机不一定能够迅速解决，但是如果提供一个答案，就可以快速验证答案的所有问题。而 NP 继续向外延伸是 PH（polynomial hierarchy）问题，也就是所谓的"多项式层次结构"问题，它可以被理解为传统计算机在现在和未来可能解决的所有问题的总和。我们将在下一章里结合量子计算来说明量子 NP 问题。

数学中一个著名的问题在于证明 NP 问题是否最终等价于某一类 P 问题。如果一旦证明它们是等价的，即有些现在看起来困难的问题迟早能找到有效的解。这绝不是个好消息，如果 P 问题等于 NP 问题了，很多基于计算复杂性的算法，比如通用密码或区块链都会不再安全。越来越多的科学家相信它们不等价。但事实上最近的神经网络算法确实使得一些以前我们认为的 NP 问题有了更加简洁的解法。比如我们曾经认为围棋是个 NP 问题，但事实上，AlphaGo 在一定程度上给出了一个相对简单的解法。

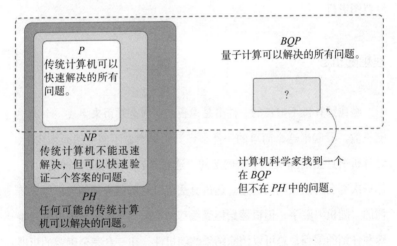

图 7–10　计算复杂性的分类

1993 年计算机科学家伊桑·伯恩斯坦（Ethan Bernstein）和优曼许·沃兹内尼（Umesh Vazirani）为"有界误差量子多项式时间"定义

了一个新的复杂度等级，他们称之为 *BQP* 问题。他们定义的类包含量子计算机可以有效解决的所有决策问题。同时他们也证明了量子计算机可以解决传统计算机可以解决的所有问题。也就是说，*BQP* 包含 *P* 中的所有问题。

但是人们无法确定 *BQP* 是否包含 *NP* 问题。但如果 *P* 问题被证明在可解决的问题类上等价于 *NP* 问题，而不考虑其复杂度问题，则可以将 *NP* 看作是传统计算机可以解决的所有问题的类。换言之，比较 *BQP* 和 *NP* 是为了最终判定量子计算机是否优于传统计算机，即经典图灵机。

理想随机数

经典计算机不擅长的一件事是像我们一样翻硬币来生成一个理想随机数，看起来这么简单的一件事计算机居然做不到？然而事实上，计算机所产生的随机数字是确定的。这意味着如果你问同样的问题，你每次都会得到相同的答案。通过算法可以对机器进行编程以生成所谓的"随机"数字，但机器始终受编程的支配。实际上，机器经过特殊和仔细的编程，总可以消除结果的随机性。在一台完全确定的机器上，人们并不能生成任何可以被真正称为随机数字序列的东西，因为机器遵循某种确定的算法来生成它们。通常情况下，这意味着它以一个共同的种子数字开始，然后遵循一个程序。结果可能足够复杂，难以识别模式，但由于它是由一个精心定义的算法规划的数字，产生的并不是真正的随机。因此计算机所产生的随机数也被称为"伪随机数"。一个伪随机数发生器需要一个算法来生成第 i 个随机数 $Rand(i)$ 和一个初始值"种子" N_0。冯·诺依曼在 1946 年提出了一个简单的例子：开始取一个 $2s$ 位的整数 N_0，称为种子，将其平方，得 $4s$ 位整数（不足 $4s$ 位时高位补 0），然后取此 $4s$ 位的中间 $2s$ 位作为下一个种子数。以此类推，即可得到一系列随机数。这样，当 $N_0 = 1234$ 时，产生的序列如表 7–4 所示：

表 7–4

平方项	取中随机数
$N_0^2 = 01522756$	$N_1 = 5227$
$N_1^2 = 27321529$	$N_2 = 3215$
$N_2^2 = 10336225$	$N_3 = 3362$
$N_3^2 = 11303044$	$N_4 = 3030$
$N_4^2 = 09180900$	$N_5 = 1809$
$N_5^2 = 03272481$	$N_6 = 2724$

如果把生成的随机数除以 10000，这样就得到一个介于 [0，1] 的随机序列：

0.5227，0.3215，0.3362，0.3030，0.1809，0.2724……

冯·诺依曼的算法明显有很大弊端，不仅周期短而且分布不均匀，比如 10000 平方取中结果就一直为 00000 了。随后有很多深入的研究给出了更好的伪随机函数发生器。

完全基于确定性逻辑的伪随机数发生器永远不会被视为纯粹意义上的"真正的"随机数源，但在实践中它们通常足以满足要求严格的安全关键应用。实际上，精心设计和实现的伪随机数生成器可以用于安全关键加密的目的，大多数计算机生成的随机数使用伪随机数生成器，这些算法可以自动创建具有良好随机属性的长数字序列，但最终受内存使用量的限制而回归为可重复的序列，因而也不是理想随机数。这些随机数在很多情况下都很好，但还不像用作随机性源头的电磁大气噪声产生的数字那样随机。对于用计算机来模拟的大多数应用场景来说，使用伪随机数是足够的。例如，如果想对大量数据进行随机抽样，只需要将随机数字输入到程序中，使选取样本的位置或多或少地均匀分布。在这种情况下使用伪随机数是完全可以接受的。iPod（苹果公司推出的便携式多功能数字多媒体播放器）"随机"模式下的歌单也是在伪随机顺序下播放的，它的循环模式是可预测的，但这并不妨碍我们使用这个模式享受随机聆听喜爱旋律的美妙。

通过适当的设计，计算机也不是完全不能跳出这个限制。与物理世界的真实随机相结合，机器可以通过多种方式生成真正的随机数。真正的随机数在实际应用中的重要性不容小觑。例如，一个在线扑克网站，如果黑客知道随机数的生成算法和随机种子，就可以编写一个程序来预测将要见到的扑克牌。真正的随机数使这种黑客攻击变得不可能。我们可以依赖自然界来制造真实的随机数，一种方法是测量一些预期随机的物理现象，包括测量大气噪声、热噪声、其他外部电磁和量子现象。例如，在短时间尺度上测量的宇宙背景辐射、放射性衰变和电路所产生的热噪音，经过一定的放大和截取，也能获得真正的随机数。

从天然来源获得随机数速度取决于被测量的物理现象本身。自然发生的"真实"随机数有时候会很慢，我们不得不花费大量时间来收集大量数据，直到收集足够的随机性来满足需求。也可以采用混合方法，在可用时提供从自然源收集的随机性，把这些随机数用作随机种子而触发基于软件的伪随机数发生器。这种方法避免了基于较慢和纯环境方法的随机数发生器的速率限制阻塞行为。利用机器时钟作为随机函数发生器的种子，从而避免相同种子产生相同的随机数，就是这种策略的例子。

混沌

混沌是很早被经典物理和数学发现，但多少被刻意忽略掉的一套理论。从经典数学的角度上看它不那么干净，它告诉你有些东西天生是不确定的，它说小概率可以有大影响。这些是牛顿力学和经典物理不愿意多谈的，虽然经典力学在解决多体问题中早就看到了混沌的存在，但它真正登堂入室是在 20 世纪 60 年代之后。尤其是计算机技术发展促使数值运算能力大大加强，让人有信心以模型为基础，利用计算机的数值模拟重现和预测任何现实的事件。然而 20 世纪 60 年代人们在对天气的模拟中发现，即使在确定模型的基础上，也能产生非线性的不确定的结果，从而不能准确预言它的结果。

南美洲的一只蝴蝶扇动翅膀也许会引起北美洲的一场风暴，理论上这是可能的。美国气象学家、麻省理工学院教授爱德华·洛伦茨（Edward Lorenz）长期研究天气预报问题，他在计算机上用一组简化模型来模拟天气的演变。他原计划利用计算机的高速运算来提高天气预报的准确性。但是，事与愿违，他的多次计算表明，初始条件的极微小的差异，都会导致计算结果很大的不同。1963 年的一天，为了在验算结果的时候省点事，他把输入值 0.506127 改写为 0.506 再算一遍。两个数值相差不大，按理说算出来的值也不会相差太大，然而，每一步的计算结果的差异很快以指数形式增长，以至于两个初始值相差不大的输入，没多久以后输出的结果居然有天壤之别。

洛伦茨使用的方程式如下：

$$\frac{dx}{dt} = \sigma\,(\,y-x\,)\,;$$
$$\frac{dy}{dt} = x\,(\,\rho-z\,)-y\,;$$
$$\frac{dz}{dt} = xy-\beta z.$$

这一组方程在计算机里模拟气流的运动，结果对应的点画出来看着很像一只蝴蝶。洛伦茨因此开创了一门新的学科：Chaos，混沌学。

有人称它为 21 世纪继相对论和量子力学后的第三大科学发现。但之后的发展说明，这样的说法多少有些言过其实了。混沌本身的科学魅力在于：长期行为对初始条件有敏感的依赖性。初始条件产生的微小变化被不断放大，对未来将造成巨大影响。正如中国古书所载，"失之毫厘，谬以千里"。蝴蝶效应会受到许多其他因素的干扰，"蝴蝶扇翅"与"风暴来临"绝不是简单的直接因果，而可能是复杂的连续因果。同样的，古代谚语有"钉子缺，蹄铁卸；蹄铁卸，战马蹶；战马蹶，骑士绝；骑士绝，战事折；战事折，国家灭"。这也是非线性放大的例子。

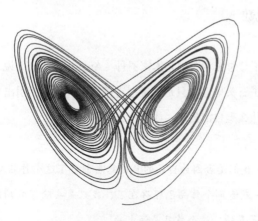

图 7-11　洛伦茨发现的混沌效应

虽然混沌的发现和计算机息息相关，混沌现象也揭示了一类计算机无法完成的问题。动力学本身具有不可预测性，任何小的差别在演化了一段时间之后所导致的结果会完全不同。有限容量的计算机在表达数字的时候，不得不采取近似，忽略掉舍去微小的小数点后几位之后的不同，但这点不同会造成大相径庭的结果，而到底哪个会更接近真相，计算机是无法给出判断的。因此，一个混沌系统不能用计算机来精确地计算它长期演化的准确结果，计算值与真实会相差很大。研究表明，这一切不确定性都是系统内在的动力学性质，跟测量精度没太大关系。由此物理学很快发展出来非线性的混沌理论，延伸至分形数学、耗散系统和自组织行为。

量子随机数

创作了"思考者"的艺术家罗丹（Auguste Rodin）说，雕塑作品早就埋在了石头里，我只是负责把它挖出来。这句话引出来一个重要的话题，什么是自由创作，或者什么是自由意志？

- 我们是否因为自己的自由意志创造了这个作品？
- 或者那个作品已经存在了，我只是去除了它周围的石头？

如果是真的，这个作品是注定的。

我们无法通过检查证据回答这个问题。在哲学术语中，它"在经验上是无法回答的"。这是哲学家们辩论的东西。宗教人士可能会指出经文支持其中一个结论而不是另一个结论。然而，在物理学中，量子随机性为自由意志提供了启示，甚至它本身可能就是我们具有自由意识的源头。

牛顿给出了经典物理中运动和力、重力定律和其他物理原理的优雅描述，从而去诠释上帝的伟大设计。人们相信，一旦知道了物体此刻的运动状态和受力情况，就可以准确地预言它未来所有的运动状态。小到苹果大到行星，都可以精确地被把控在人类所掌握的数学工具里。在经典物理世界（牛顿物理学）中，可以认为随机性甚至是不存在的。当扔起一枚硬币时，正面或背面的机会被认为是各 50%。但我们知道这样的概率统计只是一种方便的模型，它给了我们大概的主意，假设硬币两面均匀，没有其他任何干预，它应该发生什么。现实生活中的硬币在空中的翻转受制于人们用拇指将硬币推入空中的力量，风和气流的存在，以及硬币两面的物理特性，等等，这些因素都是确定的，硬币的运动因此可以由经典物理定律来描述。可以说，所有经典物理所说的随机性，只要经过足够的数据仔细分析，以及有足够的数据采集，精确的数学模型和强大的运算能力，就是具有确定性的。

爱因斯坦因此不喜欢量子力学声称的纯粹随机性。对此他有一个著名的说法："上帝不掷骰子。"爱因斯坦认为量子系统坍缩到某一个状态上的概率必须像掷硬币一样。在翻转硬币之前，我们只能通过概率来推测结果，正面或反面。在扔到空中之后，结果是由环境来决定的，通过好的数学工具和足够的预先测量，我们总会知道确定性结果。在实践中，如果我们足够多次地翻转硬币，我们将得到一半正面一半反面的结果。这不是因为环境是确定的，而是因为确定的环境不会让硬币的任何一面有优势。

爱因斯坦认为量子力学也必须符合类似的规律。宇宙中存在更深层次的未知规律，必然应该有一套更好的理论来解释量子力学的所有问题，并且预测量子力学所不能预测的新东西，他将其归纳为隐函数理论。因为我们不知道它们是什么，我们能做的最好就是应用概率模型来解释我们的观察结果。但我们怎么能确定是否有我们尚且不知道的隐藏的东西呢？

那么问题就来了，我们所做的事情其发生是注定的，还是由自由意志选择的？当量子波函数坍缩时，它是否注定会因为一个未知的潜在原因而坍缩，正如爱因斯坦所认为的那样？这样的坍缩是否与其他主观和外在的任何影响无关？比如观测者自己的行为？这些问题都启发着我们对自然的自由意志的含义的思考。如果它是伪随机的，那么我们今天的意识是不是很久很久以前就可以被计算和预测，比如此时此刻在想的事情通过足够多的原子在几千年前的状态下就可以计算出来，我们姑且忽略计算复杂性的问题。如果量子随机真的在底层起着作用，那这些行为将永远无法预测，我们是具有自由意识的。

20 世纪 60 年代，英国工程物理学家贝尔（John Bell）提出了检验量子随机性的杀手级证明。贝尔定理最终证实了量子随机没有被更深层次的规律决定。大自然不可预测的自由行为不由先验的可追溯的算法来决定。通过量子坍缩，宇宙不断产生新的信息。在贝尔定理下，经典力学所描述的翻转硬币的机制不再适用于量子力学。在量子世界中，我可以在完全相同的条件下翻转相同的硬币，有时会是正面，有时会是背面，宇宙中没有任何因素决定其随机的结果。

那么，这是说量子随机性导致了我们思维的独立和自由吗？虽然量子随机性作为解释我们的大脑如何工作的理由依然是个大胆的甚至是证据不足的推测，但它确实启发了我们在密码学方面一些有价值的应用，例如它使在线金融交易更为安全。伪随机数生成器生成随机数字串作为交易代码源，甚至可以通过随机性安全测试。但是，如果用于生成这些数字的确定性规则是可以做逆向工程的，即一旦被人知道生成随机数的算法和种子，就可以被破解或者被准确预测。如果系统被黑客入侵，这些信息就会被获取，从而无法保证它的可靠性。相比较而言，因为量子世界确实是随机的，量子随机数发生器将是一种潜在的解决方案。这个一点也不抽象，当你在网上转账时，你的手机会从银行收到一串交易代码来保证转账的可靠性，但这串代码，迄今都还是由伪随机函数生成的，当一个有足够能力的黑客来破解的时候，他可以确定地知道这个数值，从而威胁交易的安全。

牛津大学物理学家罗杰·彭罗斯认为，人类思维的非算法（不可计算）特征，如创造力，源于大脑微管中的量子坍塌。如果他是正确的，我们的大脑正在创造真正新鲜的新信息。但是有一个问题：量子坍缩产生的信息只是随机的，如果没有一定意义和程度上的关联，它们就是随意且毫无用处的。仅凭随机性这些信息无法在创造性思维中产生明显的复杂性，在我们的神经元中随机的嗡嗡作响不会解决哪怕最简单的数学问题或写出一部伟大的小说。会有一群能在打字机上打出莎士比亚著作的猴子吗？只要猴子够多、时间够长，数学上总有机会，但物理上我们没法让大脑的每一个原子的状态都随心所欲地坍缩到什么态上，而我们的行为和意识被这些随机的不良结果控制。要知道只有那一部莎士比亚是有用的，其他的都是废物，而产生这一部的概率是非常非常小的。因此要形成有意义的自由想法和意识，大脑必须为一般目的制定或组织量子坍塌形成的新信息，我们仍然没法解答人的思维中创造力是如何发生的这一问题。我不认为大脑是单纯地以达尔文方式进化出来的，简单机械系统产生不出大脑，生命力是宇宙中元素的一种组织形式，它遵循特定的作用规律，这些规律既不是简单的也不是机械的。

常识？

我们现在知道了：经典理性是不能将所有人类的数学直觉形式化的。如果我们能够成功地形式化它的一部分，这事实上就恰好需要一种新的直觉知识，例如，这种形式逻辑上自洽的知识。人类通过对数据的截断来获得常识的机制和图灵机的停机问题，大概有深邃的关联，人可以知道什么数据可以形成足够有用的常识，而不是无穷无尽地引入新的概念。对于计算机的搜索能力来说，它显然无法得出到底哪里是我们认知获得满足的边界。人类会对自己周围的世界进行逻辑推理，我们在为自己看到的东西建立模型，我们有大量的常识知识来帮助我们发现新的情况。这种建立模型的能力是从哪里来的？是从具体事物和数据中抽象出来的某一线索？更重要的是，人工智能和它们的具象——计算机缺乏常识。

　　1950 年，图灵预言了具有智能的机器会被创造出来的可能性，为了鉴别这种智能，他提出了图灵测试：如果一台机器能够与人类展开对话而人不能辨别出机器的身份，这台机器就具有智能。时隔多年，纽约大学的内德·布洛克（Ned Block）对图灵测试能否作为智能标准的适当性提出一些新的论证。布洛克认为，假定我们写出一个树状结构，能够对每个持续一小时的可能对话做出明确描述。显然，这将是一个庞大的树状结构，其容量远远大于现在任何计算机的容量。依这个询问的树结构，计算机将与它的询问者以一种与智能人处事方式难以区别的方式互相作用。如果计算机仅仅按照这个简单的树状结构执行，这就明显说明了这台计算机没有任何智能，而且这个结论对于任何有穷长时间的对话都成立。这也是自然语言处理的困难所在，机器无法在连续的对话中了解人类对话的常识，每一次对话中都会导向很多不同的选择。逻辑系统无法建立对语言的基本直觉，它只不过是抽象对象与实在对象之间的一一配对。语言对抓住我们的思想是有用的、必要的，但那纯粹是在实践中形成的，是过程化的。我们的思维更倾向感官的、概念上的对象，而语言帮助我们将注意力集中在抽象的对象上。

汉堡王曾经有一则电视广告，广告结尾的一句台词说："OK，Google，what's the whoppers？"但"Ok, Google"是安卓手机的 Google Home 唤醒词，这句话前半部分可以启动安卓设备，后半部分提出一个搜索的问题。观看广告的人会发现自己虽然啥都没干，自己的手机或者智能音箱神经病一样地启动了，机器自动搜索汉堡王关于 whoppers 汉堡的广告并语音播报搜索结果，简直像手机被黑客入侵了一样。这则广告的创意在于视频广告本身结束了，但智能手机还继续帮着播广告。对智能手机或者智能音箱而言，它无法区分来自不同层次语义的内容。虽然通过适当的声纹识别可以避免这样的问题出现，但新加入的策略一样会带来其他新的问题。

美国哲学家约翰·瑟尔（John Searle）在图灵测试的基础上构想了"中文屋"的思想实验。将一个不懂中文，只会说英语的人关在一个封闭房间中，房间里有一本英文的小册子告知他如何处理相应的中文信息。中文问题从窗户被递进房间里，房间里的人需要对照手册进行查找，将中文字符拼到一起，写在纸上并递出去。房间外的人看到纸条，可能会觉得房间里的人懂中文，实际上他对中文一窍不通。

从这个实验看，这本小册子就是计算机程序，房间就是计算机。

计算机给出的回答是按照程序的指示进行的，但它不能也不需要理解中文。现在很多机器语义理解是固定模式识别，它们可以理解最简单的小册子，再根据用户对话中特定的词做出特定的反应。训练机器来理解语义就类似于这个过程。通过训练我们让机器的反应接近于能够理解，但如何期待机器能理解？来说说具体的问题。语义理解的问题至少有切割词、歧义和语境处理等诸多问题。

瑟尔通过"中文屋"概念质疑了强人工智能所持的观点：计算机可以精确地具有人类理解故事和解答相关问题的能力。在瑟尔看来，计算机的理解力与汽车的理解力没有什么不同。计算机与人类的心智相比，其理解力不仅是不完全的，可以说完全是一个空白。当然，重要的不是要论证"计算机能不能具备思维能力"，而是回答"正确的输入输出加上正确的计算本身是否足以保证思维的存在这一问题"。他认为，如果我们所说的机器是指一个具有某种功能的物理系统，或者它只讲数字或逻辑运算的话，那么大脑确实就是一台计算机，然而在他看来，智能的本质并非如此。计算机程序纯粹是按照语法规则来定义的，而语法本身不足以担保心的意向性和语义的呈现，程序的运行只具有在机器运行时产生下一步形式化的能力，只有那些使用计算机并给计算机一定输入，同时还能解释输出的人才具有意义性。意义性是人类智能的功能，智能的本质绝不能被程序化，也就是说，智能的本质不是算法的。

这一轮人工智能浪潮以深度学习为主要驱动力。在深度学习成为计算机算法主流以来的几年里，它已经成为帮助机器感知和识别周围世界的主要方式。它为语音识别、自动驾驶汽车和图像认知等方面提供了动力。深度学习系统是像素级模式识别的高手，但它们无法理解"模式"的含义，更不用说对它们进行推理了。比如基于深度学习的视觉识别系统，只要改变一些输入，系统就会很容易被愚弄。我们尚未清楚目前的人工智能系统是否能够理解沙发和椅子是用来坐的，当然，这也需要足够的工作来定义"理解"。我们需要开始弄清楚如何让人工智能具备常识，我们这样做的同时，将不断触及深度学习的极限。

人类天生就有学习的天赋，能够掌握语言和解释物质世界，而不是一张待读写的硬盘。尽管有很多人认为神经网络是智能的，但它的工作机制与人类大脑有诸多的差别。我们罗列一些来看看。

首先，深度学习工具太需要数据了。在大多数情况下，每个神经网络都需要数千或数百万个样本来学习，从数据训练的角度看，深度学习存在严重的低效率问题。一个孩子学习认识大象，并不需要他的母亲给他看一万张大象的照片，人类通常只需要几个例子就能学习新概念。但是几万遍是深度学习系统通常需要的训练数据量。如果你思考一下动物和婴儿是如何学习的，在生命的最初几分钟、几小时、几天里，动物和婴儿学很多东西都学得很快，这种学习能力看起来似乎是天生的。为了了解世界的物理规律，一个婴儿只需要四处移动他的头，对传入的图像进行数据处理，就能得出结论。

其次，深度学习的算法逻辑不透明，至今为止它都更像一个黑盒子。人们不能观察它整个学习过程，输出的结果难以解释，这直接影响了预测结果的可信度和可接受程度。深度学习算法在实际使用的过程中，往往是通过程序员大量的调试来找到的最好的网络结构，但我们很难有道理说明为什么最好的神经网络层数是，比如说 133 层，不是 132 层也不是 134 层。

一旦深度学习的网络结构被训练完，它是如何做出决定的就不总是那么清楚了。在很多情况下，即使我们通过算法能够得到正确的答案，不透明也是不被接受的。科学家不喜欢不确定性，尤其是因为无知而导致的不确定性。深度学习在一定意义上是通过反复的实用主义般的参数调整来达到准确的目的，而不是仔细地了解每一个参数所代表的意义。确定性对模型的一般要求是，了解程序中每一个参数的意义和它们的变化规律，而且通过这些变化规律知道变化对最后结果的影响。不透明的参数空间，让人觉得这个工作并没有做完，因为你不知道哪里的一点些许变化会导致结果的完全不同。比如我们前面提到的混沌现象就是典型的例子。即便是经过成千上万次训练，这个先进的系统也很容易被搞糊涂——只需要将一张小小的贴纸放到图像的某个角落，识别结果就会被改变。

深度学习是在一个非常巨大的希尔伯特空间中人为地尝试参数，这个希尔伯特空间可能有上千万个自由变量。一个深度学习的网络，训练的时间往往很长，有可能陷入局部最优化但整体上来说并不是最优的境地，甚至有些训练完全达不到预想的目标。19世纪的法国数学家柯西（Augustin Cauchy）对通过调参数来获得自己想要的结果嗤之以鼻："给我五个系数，我将画出一头大象；给我六个系数，大象将会摇动尾巴。"当我们有几千万个参数的时候，我们简直可以随心所欲地得到任何我们想知道的结果。用大量权值、阈值来一点点碰，并且需要大量的训练数据以及大量的计算，这些特点使得深度学习的很多性质很模糊。它更像是一个务实主义的工具，只见到它这里那里起了作用，而为什么起作用，没人知道，试出来的不起作用怎么办？换个参数试试。在实际的处理中，参数调整变成一个经常性的工作，因此基于深度学习的人工智能也融入了大量的人力，由人来尝试和决定网络的架构、参数的大小，而这些工作往往是冗长而枯燥的。

再次，目前从算法角度看不出特别好的适应能力，或者说网络的迁移性并不理想。深度神经网络的特性决定了深度学习的能力，在神经网络学习模型建立的时候，就已经确定了所有可能形式。模型一旦确定，它能够学习什么，不能学习什么，再不能超越。这个特性使很多事情成为不可能，每次想让一个神经网络识别一种新项目，你都必须从头开始训练它。一个识别狗的神经网络在识别猫或人类语言方面没有任丝毫用处。这事实上构成了深度学习的实际困难，网络设计得越复杂，准确度越高，它适应新数据库的能力就越差，因此，深度神经网络训练结果的迁移性构成深度学习的核心困难。

目前我们还不清楚哪些途径可以帮助深度学习解决这些问题。人工智能翻译可以将法语翻译成英语，但是它不知道这些话是什么意思。人类不仅掌握语法模式，还掌握语法背后的逻辑。为了能够由此及彼，构建推理能力，人们正在以不同的方式将常识般的结构构建到神经网络中。例如，人们创建了模式识别和深度学习的混合系统——部分是深度学习，部分是更传统的技术，所谓归纳逻辑编程。也有可能是对抗性神经网络，一种相对新的技术，其中一个神经网络试图用虚假数据欺骗另一个神经网络，迫使第二个神经网络发展出极其微妙的图像、声音和其他输入的内部表征。它的优势是没有数据缺乏的问题。你不需要收集数百万个数据来训练神经网络，因为它们是通过相互学习来学习的。类似的方法正在被用来制作那些让人深感不安的伪造视频，在这些视频中，主人公在说或做一些他们没有说过或没有做过的事情，机器可以生成观众无法分辨真假的视频内容。人工智能的弱点越来越多地引起人们的担忧，比如在自动驾驶方面，自动驾驶汽车使用类似的深度学习系统进行导航，已经出现了几起广为人知的死亡事故。

学习

经典认知论将学习理解为稳定的、完整的、实在的、确切表象的被动接受。然而，16 世纪以来的经验却在不断地告诉我们，人类的认知已经发展到一种不断的替代性模式。根据这一模式，知识学习在本质上是"由假设所引导的实验"所构成的行动的、操作性的事件。科学认知并不是只有通过获得实在的准确图像才能获取世界表象的过程，应该说，科学将知识理解为语言和控制自然的变化进程中的实践性事件，从而认知过程也成为一种探究的过程。这一探究的过程构成了人类的学习行为，杜威把这种学习行为表述为五个步骤：

1. 产生于事实的困惑、混乱与怀疑，人们处于对其全部特征尚未确定的不完整境遇中；

2. 推测性的预期——对给定的现象做试探性地解释，以影响某些结果；

3. 对手头的所有可定义与说明该问题的理由进行仔细的调查（检验、审查、探测与分析）；

4. 对试验性的假说进行详细阐述，以使其更加精确、更加连贯，从而与更大范围内的事实相一致；

5. 将所提出的假说视为一种可以应用于现存事态的行为方案，公开采取某种行动以实现预期的结果，并以此检测上面的假说。

杜威认为这样的过程并不一定按照这样的次序进行，也不一定要把所有的步骤都完成才能完成学习的过程。在处理实际问题时，人工智能最擅长的图像感知往往只占数据输入的 5%，提供一些线索；而后面的 95%，包括功能、因果、动机等是要靠人的想象和推理过程来完成的。我们用这些标准来衡量著名的乌鸦实验，就会看到乌鸦的学习过程是这一学习过程的具体体现。它以某种有待研究和了解的方式，存在于生物体中，这种方式显然不同于至今还依赖于大数据的人工智能方法。

在日本一所大学附近的十字路口，研究人员跟踪和研究了附近一些乌鸦的有趣的行为。

图 7-12　乌鸦学习吃坚果的过程

乌鸦想吃坚果，可是它没法砸开坚果的外壳。刚开始，它试着把坚果从天上往下抛（②），可是坚果壳还是不会碎。在某次下抛后，它发现如果抛下的坚果落在路上，正好被车轧过去，坚果就会碎了。乌鸦到路中间去吃坚果是一件很危险的事，因为随时有车子呼啸而过，在吃坚果和保命之间它需要做出选择。但是乌鸦很快发现行人过马路走斑马线时会先按交通灯，控制交通灯给出信号让车流停下来。这时，它必须进一步认识到人、斑马线、交通灯、车流、马路之间复杂的因果关系。甚至，什么颜色的灯在哪个方向管用、对什么对象管用等。搞清楚这些之后，乌鸦就选择蹲在一条斑马线附近的一根电线上等待机会（③）。它把坚果抛到斑马线上，等车子轧过去（④），然后等到行人按了交通灯，人行横道上的绿灯亮了（⑤），车子都停在斑马线外面，它终于可以从容不迫地飞下去吃地上的坚果肉（⑥）。

乌鸦在这个过程中表现出了相当高的智商，在很多地方远远超过今天我们所训练的任何一个深度神经网络算法。生命只有一次，乌鸦没法像深度学习那样有几乎无限次的训练样本进行尝试。它必须通过很少的次数就发现不能直接在公路上吃坚果。

如果从哥德尔不完备定理的角度看杜威关于学习的五个步骤，我们会看到一些有意思的关联：（1）涉及对环境因素的截断，如何在不完整的环境中选取足够的信息来实施推理，我们根据前面的讨论知道这一点人工智能是无法完成的。乌鸦所在的学习环境相当复杂，如果按照今天机器学习的思路，这是个不可能完成的任务，自然界进入乌鸦视野的事物和层次千差万别。对于要完成的任务——吃到坚果的果肉，哪些是需要掌握的信息，哪些不是，进而哪些是有用的训练，哪些不是，即使可以准确地规划一个行动路径——程序，其计算量都是巨大的。（2）当我们要给定推测性预期的时候，无意要涉及一定意义上的假设，唯有这样的假设先决的存在，才能期望改变这些假设条件下的参数，看到某些预期的结果。而给出假设这件事情对基于形式逻辑的机器而言，还无从谈起。（3）有可能是人工智能最能帮上忙的，即对可定义与说明的问题理由进行仔细的调查，检查、审查、探测与分析。（4）对试验性假说进行详细阐述，使其更精确、更加连贯，这一点似乎对人工智能来说并不算太难，但在更大范围内验证与事实一致，涉及从一个应用场景拓展到更大的应用场景，而我们知道算法的迁移对今天的人工智能来说是件困难的事情。一个数据库集中训练好的网络，并不能轻易准确地在新的、更大的环境中具有准确的普适性。而更大范围的适用，往往也牵动着很强的关联能力，哪些可以成为更大范围中的元素，这点联想的能力，人工智能也还没有。

关于学习过程的完成（5）是一整套工程的总结，以乌鸦的案例来讲，乌鸦完成吃坚果这一经验的学习，它具有感知、认知、推理、学习和执行的综合能力。它能够在复杂的世界中，认识和归纳出知识，并指导自己的行为。这个过程并不需要大量的数据，学习是一种交互体验的过程，当然这样的学习并不是指我们通常意义上的一类关于记忆力的训练。在记忆力的比较中，我不认为人类会在未来具有任何优势。但这些关于联想素材的收集，又让人类对记忆的需要必不可少，只不过，它不是用传统教育意义上机械式的重复来收集大数据，而是为了足够有效的联想来收集有新意义的素材。结合真实的实践来促成新思想、新的直觉的发现。

让人工智能更加人性化有助于人工智能给我们的世界提供帮助，

但是直接复制人类的思维方式呢？没有人清楚这是否有用。我们已经有了像人类一样思考的人，也许智能机器的价值在于它们与我们完全不同。

我们不跟汽车去比谁跑得更快。如果它们有我们没有的能力，那么它们会更有用，将成为智力的放大器。所以在某种程度上，你希望它们拥有非人类形式的智力，希望它们比人类更理性。换句话说，也许让人工智能有足够的理性是值得的。

1994年DNA（脱氧核糖核酸）的发现人弗朗西斯·克里克（Francis Crick）写了一本书叫《惊人的假说：灵魂的科学探索》，谈到"现在是严肃地对待意识问题的时候了"，以往对意识问题、灵魂问题，人们一直讳莫如深，而且多半是"养狗的人就确信狗有灵魂，没养狗的人则否认狗有灵魂"。而在克里克看来，"人的精神活动完全由神经细胞、胶质细胞的行为构成，以及由影响它们的原子、离子和分子的性质所决定"，喜悦、悲伤、记忆、抱负、自我感觉和自由意志，实际上都只不过是一大群神经元而已。嗯，对，人的大脑不过是一大堆由分子组成的神经元而已。

大脑的许多行为是"突现"的，即这种行为并不存在于像一个个神经元那样的部分之中，大脑只有在很多神经元的复杂相互作用下才能完成如此神奇的工作。训练可以识别物体的神经网络需要大量有标记的示例，这导致人们认为动物必须依靠无监督学习。大多数动物的行为不是聪明的学习算法的结果，而是基于某种尚待研究的在基因组中的编码或是动物的大脑天生具有高度结构化的关联性，这使它们能够快速地学习，或者是一种我们今天还不了解的机制。因此，"从神经元的角度考虑问题，考察它们的内部成分以及它们之间复杂的、出人意料的相互作用的方式，这才是研究意识问题的本质。"许多哲学家和心理学家认为，目前从神经元水平考虑意识问题的时机尚不成熟，然而事实恰恰相反。仅仅用黑箱方法去描述大脑如何工作，特别是用日常语言或数字化编程计算机语言来表达，这种尝试为时尚早。脑的语言是基于神经元之上的。要了解脑，你必须了解神经元，特别是巨大数目的神经元是如何并行工作的。各国都有尝试开展"脑计划"，但2019年停止的欧洲脑计划至少说明了这一尝试目前还有很多未知的困难。

人脑是一个丰富的相互关联的信息的载体，它的许多内容是连续变化的，然而机器却不具有这个特性，它们只能依靠我们通过内省似的类比得到非常有限的体验。那么我们将来能否造出有意识的机器？如果不可能，它们能否至少看上去有意识？有人相信，这最终是可以实现的，但也有人相信其中可能存在我们几乎永远不能克服的技术障碍。短时期之内，我们所能构造的机器就其能力而言，与人脑相比很可能是很简单的。在理解了产生意识的机制以前，我们不大可能设计一个恰当形式的人造机器，也不能得出关于意识的正确结论。人类必将探索新的非图灵机概念来尝试解决当前这一代人工智能所面临的更深层的问题，从而摆脱人工智能在理论和实践上的困境。解决人类智能的极限和人工智能的极限问题，除了与哥德尔不完备定理有关外，还需要对大脑和计算机更精细的模型做更大胆的研究，而且还需要将学习、问题求解、对策理论与实数论、概率论和几何学知识结合在一起，探索其如何对问题的解决起实质性作用。当然，为什么是列这些名词在一起，它们并不是我从逻辑上选择的，而只是我直觉的选择，甚至是辞藻的堆砌。

第八章

沿着不完备而生长的物理学

我是个物理学工作者，当我回望物理学的发展的时候，我惊奇地发现物理学本身就是不断找到已有的理论框架的悖论而引入新的假设，从而不断发展而完善的例子。换言说，哥德尔不完备定理是物理学这几百年发展的深层脉络，它是人类探索新知识的最好样本。

在希尔伯特为 19 世纪的数学做总结陈词，并对未来数学的终极工作做出规划的时候，同一时间，物理界对新世纪也是乐观的。19 世纪的最后一天，欧洲著名的科学家们欢聚一堂。大会上，英国物理学家 J. J. 汤姆森（Joseph John Thomson）发表了面对新世纪的跨年演讲，他在回顾物理学在牛顿之后的 200 多年中所取得的伟大成就时说，物理大厦已经落成，下个世纪所剩下的只是一些修修补补的工作。他在展望 20 世纪物理学前景时，不无担心地讲道："动力理论肯定了热和光是运动的两种方式，现在，它美丽而晴朗的天空却被两朵乌云笼罩了。"

第一朵乌云出现在光的波动理论上，主要是指迈克尔孙 - 莫雷（Michelson-Morley）实验结果和以太漂移说相矛盾；

第二朵乌云主要是指热学中的能量均分定则在气体比热以及势辐射能谱的理论解释中得出与实验不等的结果，其中尤以黑体辐射理论出现的紫外灾难最为突出。

后来我们知道,第一朵乌云引出了相对论,第二朵乌云引出了量子力学。这是新世纪里颠覆了经典物理学大厦的两套理论。

牛顿的工作经过它之后的理论和实验科学的发展形成了如今我们称之为经典物理学的宏伟建筑。19世纪末的科学家若是相信物理学建立在不可撼动的基础上,将永远屹立不倒,这是那个时代信仰般的常识。经过一代又一代的科学家、数学家和哲学家的努力,牛顿的宏大设计在19世纪末达到了巅峰。经典物理学看上去几乎能够解释自然界的一切:运动物体的动力学中力和运动的相互联系,热学、光学和电磁学几乎解释了人们日常生活中碰到的所有问题。它的内涵是如此深远和广大:从地球上日常经验的事物一直到可见宇宙的最远处,从苹果到恒星,从发动机到电磁波。理论与实验观测如此吻合,理论对实验的解释又如此的无可置疑。所有人都认为,即使还存在一些遗留的问题,但与经典物理的基本成就相比,这些问题似乎是微不足道的,百里之行已经走了九十九里,终极的大统一理论只有一里之遥。然而在1900年之后,两个微不足道的问题竟然将物理世界掀了个底朝天。

当物理学延伸到光子和原子的层面时,人们对自牛顿以来建立的经典物理产生了信仰危机。量子力学证明经典物理大厦不但可以被撼动,它的基础本身都有问题。牛顿物理学是机械的、决定论的、确定的,其含义似乎没有任何值得怀疑的地方。与此对比,新的量子物理学的特点是非决定论的、交互的和不确定的。在量子力学建立一百多年后的今天，物理学家仍然声称其含义还远不清晰。

20世纪20年代一个学术团体在奥地利首都维也纳形成，被后人称为维也纳学派。学派的成员多是当时欧洲大陆优秀的物理学家、数学家和逻辑学家。他们关注当时自然科学的发展成果，如数学基础论、相对论与量子力学，并尝试在此基础上去探讨哲学和科学方法论等问题。受到19世纪以来德国实证主义传统影响，加上在维特根斯坦《逻辑哲学论》思想的启示下，维也纳学派提出了一系列有别于传统的见解。大致来说，他们的主张有：第一，拒绝形而上学，实验是知识唯一可靠的来源，新的学科往往需要建立在已有的方法上与已知世界的实验相对照；第二，只有通过运用逻辑分析的方法，才可最终解决传统哲学问题。维也纳学派的观点统治了20世纪之后的科学哲学。维也纳学派主张科学是认识真正知识的渠道，而一个科学陈述要有意义，就必须既符合形式逻辑，又是可验证的。这对于物理学理论发展的意义是明显的。

哥德尔不完备定理的发表让我们更加清楚了这样的分界有其天然的原因。自然世界为向哥德尔的不完备诘难提供新假设的源泉，宇宙深处的奥秘永远为新的探索提供"多一个假设"的可能。物理学因此成为人类的理性思维和自然世界接触从而得到验证的第一道界面（参见彩插10-1）。例如狭义相对论有两条基本假设，光速不变和协变性原理。很多人都想推翻狭义相对论，于是要从光速不变入手，假设光速是可以被超越的。但事实上狭义相对论并没有说光速不可以被超越，只是在这个体系内，光速的不变性解释了为什么牛顿力学在速度接近光速的时候出了明显的问题。接下来有大量的实验证明光速不变这个假设是站得住脚的。人们当然可以不以此为终结，尽可以提出新的假设，构建新的理论体系，但如果没有实验验证和支持，这样的假设就没有实际的意义了。我们永远无法在体系内部去推翻体系本身，因为这个体系内部总不能自己完全证实或证伪。这也就是我们经常开数学家的玩笑，说"你们那是人文科学，而物理学才是自然科学"的深层原因。自然界总会给我们更多的线索与维度来拓宽和检验我们的认识。用给出新的假设成立的证据，来扩大假设体系是建立一个新理论的唯一出路。这又被哥德尔言中，他就是告诉我们人类要不断地这么做，这才是我们认识自然的规律。于是研究科学和数学的人都好开心，吃不完的饭，永世无忧！

落体悖论

两千多年前，亚里士多德认为"物体自由下落的速度和物体的重量成正比，物体越重，下落的速度就越快；物体越轻，下落的速度越慢"。亚里士多德的理论看起来正好与人们的生活经验相符，羽毛比石头下落的速度慢，在长达两千年的时间里都没有人怀疑过这个理论。但是，如果把羽毛和石头绑在一起，下落得更快还是更慢？一方面，绑在一起的组合物体重量更大，应该落得更快；另一方面，落得快的物体会被落得慢的物体拖后腿，比单独下落要慢，两个物体下落的速度应该取平均值。这样亚里士多德的落体理论出现了一个悖论，一个说法合理但用亚里士多德理论无法证明真伪的命题。

16世纪，伽利略的比萨斜塔实验证明：一对同样大小的木球和铅球同时落地。自由下落的物体，下落的速度与它的质量没有关系。它也是惯性定律、自由落体运动定律甚至牛顿万有引力的基础。当然，以我们今天的知识而言，这样的推论并不是那么直接。当我们考虑空气阻力时，可以建立完全不同的动力模型。以空气阻力出发，一样可以建立一个符合实验结果的运动模型。再言之，如果我们是鱼类，生活在水里，再去观察轻和重的物体下落时，阻力就很难被忽略不计，从而极有可能发展出另外一套先引入阻力和重力的力学系统来解释落体的运动。

从历史的记录来看，这段关于比萨斜塔的记述，可能更多的是后人杜撰的。伽利略本人也许并没有在比萨斜塔上做过这个实验，但它仍不失为一个好故事。不管怎样，伽利略的运动定理为牛顿力学的最终建立提供了稳定的基石。接下来的牛顿力学影响了后来几乎全部科学的内容和方法。所以我们有必要仔细看看它会不会也隐藏了回答不了的问题。

光速问题

牛顿力学的公设体系，又称牛顿力学的三定律，表述如下：

第一定律：在没有外力作用的情况下，物体保持静止或匀
速直线运动；

第二定律：物体的加速度与所受外力成正比，与其质量成反比；

第三定律：物体的相互作用力大小相等，方向相反。

牛顿运动定律中的第一定律是其他定律的前提和基础，它奠定了
经典力学的概念和基础，它默认了存在一个静止均衡的宇宙作为所有
运动的参照系。第二定律和与其等价的动量定理，确定了物体运动状
态变化与力作用的关系，将有关物体的运动和受力关联起来。第三定律
确定了物体与物体的相互作用关系。牛顿同时依靠开普勒行星运动定律
深入研究了万有引力，物体质量 M_1 和 M_2 之间的相互作用力 F 表达为：

$$F = G\frac{M_1 M_2}{r^2}$$

其中 G 是万有引力常数。结合万有引力定律，牛顿力学完善了
当时的天体力学，使人们第一次对日、月、星辰的运行规律有了准确
的了解。牛顿给出了对力的普遍陈述，揭示了两个物体相互作用的规
律，为解决力学问题、解释天体运动提供了理论基础。

但事实上，利用牛顿第二定律就可以通过测量物体的运动来定义质量，这是跟运动相关的质量定义，被称为惯性质量。通过万有引力定律，也能定义一个质量，这个是不需要运动的质量，被称为引力质量。万有引力所定义的质量会跟牛顿第二定律定义的质量有严格的对应关系，当参数取的合适的时候，它们之间的比例可以严格的是1：1，这两个不同定义得出来的质量可以严格相等并不那么显而易见。事实上，这个问题一直到广义相对论的提出才有了完全的答案：爱因斯坦干脆把这两个质量等价当作了广义相对论的基本公设。

牛顿力学的建立对人类的认知史有着重要的作用，这一点怎么形容都不夸张。自然界和自然界的规律隐藏在黑暗中，上帝说，让牛顿去吧，于是世界才有了光。但我还是要让读者注意到，在牛顿之前自然哲学已经有了充分的发展，甚至牛顿引以为豪的微积分，都有莱布尼茨来分享他的荣耀。但这并不能掩盖他的光辉。从牛顿之后，人们对认识世界逐渐有了越来越多的信心。人们通过计算和思考，在自然界中不断验证，做出了以前想都不敢想的预言，居然都精确得很。这无疑增长了人们认识宇宙万物的野心。牛顿方法的延伸，几乎可以说帮助人类建立起了迄今为止的所有现代学科，也重塑了人类对于世界的观点。从此，人们开始有一个近乎信仰的科学认知，有一个客观的世界，是可以不依赖人的直觉而存在的，而且可以被认知、被了解、被描述。

牛顿对物理学的探索涵盖了今天的很多领域，包括他对光的认识。据说他好奇地用手指压迫自己的眼珠（请勿模仿，否则就像雷雨天跑去放风筝发现闪电也是电的富兰克林），发现了太阳光是可以分解成很多不同颜色的，后来利用三棱镜让白光分解成七色光只是一个方便的展示。牛顿认为光是由微粒组成的，这样就可以很轻易地解释它为什么沿着直线传播，就像从枪里发射出来的子弹。牛顿反对光的波动说，他甚至证明如果光是波的话，一个圆盘的影子后面应该因为光的衍射而形成一个个亮圈，而影子的中心是一个亮点。这显然违背他所认为的常识，所以光应该是由粒子组成的。更精细的实验结果就真的做了出来，具有讽刺味道的是，这些因光的波动性而产生的亮环真的存在，而中心真是因为衍射而形成的亮点，这些环被后人称为牛顿环。那么证据确凿无疑，光就真的是波了。

根据人们当时对波的认识，波需要传播介质，人们把光传播的介质叫作以太。人们很快认识到光波是横波，而横波只能在固体中传播，所以以太也应该是固体。这样就带来了一系列的悖论。

横波只能在固体中传播，作为介质的固体越硬，传播速度就越快。声波在木头中的传播速度可以达到每秒 500 米，在钢铁中就可以达到每秒 5000 米。而光速居然有每秒 30 万千米！这样以太应该非常非常非常硬，但，这么硬的东西我们人居然没有卡在里面！而且，我们丝毫感觉不到它的存在，它应该比空气还要轻柔才对。硬或者软？这是关于以太的第一个悖论。

假设以太对于宇宙的绝对坐标系来说是静止的，这样对于宇宙中所有的运动物体而言，以太相对也在运动。已知地球相对于宇宙是运动的，这样地球相对于以太也是运动的。这时的人们已无法想象宇宙跟地球是相对静止的，那样就又回到了太阳和宇宙所有星体和物质都围绕地球转的地心说。牛顿之后的人们已经接受了我们地球没那么特殊的宇宙观：我们所在的地球不过是太阳系中诸多行星中的一个，绝不是宇宙的中心。这样，如果顺着地球运动的方向发射一束光，同时逆着地球运动的方向发射另外一束光，这两束光按照伽利略的运动学原理，速度显然是不一样的。假设地球运动的速度是 v_{earth}，光的运动速度是 c，那么顺着地球运动方向发射出来的光相对于静止的以太来说速度是 $c + v_{earth}$，而逆着地球运动方向发射出来的光相对于以太的速度是 $c - v_{earth}$。地球以每秒 0.46 千米的速度旋转，根据当时美国物理学家迈克耳孙（Albert Michelson）所做的一系列实验，这个速度差是可以观察到的，但迈克耳孙居然穷经白首也没有看到！难道以太相对于地球反而是静止的，这不就意味着地球相对于宇宙也是静止的了？难道又要回到地心说？这是以太的第二个悖论。这两个悖论，在牛顿力学内部无法回答。

孪生子悖论

为了解决光速不变引发的悖论，荷兰物理学家亨德里克·洛伦兹（Hendrik Lorentz）提出了洛伦兹变换，假设以太会沿着光源运动的方向收缩，这样便抵消了不同方向上光速的差异。而爱因斯坦干脆假设光本身就是不变的，根本不需要有以太这种介质来传递光，这样也可以推出洛伦兹变换。但比照洛伦兹的解释来说，爱因斯坦的理论简单、清晰了很多。

爱因斯坦在他 1905 年的工作中假设没有以太这种东西，而光速在任何一个参照系中都是不变的。于是他构架了后来称之为狭义相对论的理论框架。狭义相对论的公设：

> 1. 光速在任何一个惯性参照系中的速度都是相同的。
> 2. 物理定理适合于任何一个惯性参照系。

以哥德尔不完备定理的眼光来审视爱因斯坦关于狭义相对论的工作，就似曾相识了。当我们在欧几里得几何中不能去证明平行线公设可以由其他几个公设推导出来的时候，我们就把它当作一个基本的公设。而不同的关于平行线公设会给出截然不同的几何理论。差别在于，物理学以基于自然现象的实验为基础，不会有这么多不同的公设存在。既然光速测不出来相对于运动物体的变化，那么就把它当作一个基本的公设好了。哥德尔同样告诉我们，这样可以解决现有的问题，但这个公设系统仍然是有限的公设系统，一样会有一些问题是它无法回答的，我们接下来就会看到。

不管怎么说，当我们把光速不变当作一个基本假设的时候，我们会看到伽利略的运动理论作为牛顿力学的基础因之而改变。

物体 A 相对于地面的运动速度为 u，物体 B 相对于物体 A 以速度 v 在运动，那么，物体 B 相对于地面的运动速度就是：

$$v' = v - u$$

但根据狭义相对论，这一速度表达为：

$$v' = \frac{v - u}{1 - \frac{u}{c^2}v}$$

这样，当在以速度 u 行进的火车上发射出一束光，这束光相对于火车的速度是光速 c，但它相对于地面的速度也是光速 c。而由于通常情况下 $u < c$，于是伽利略变化就是非常好的近似了。

同样的，狭义相对论也给出了时间的变换公式：

$$t = t_0\sqrt{1 - \frac{u^2}{c^2}}.$$

这样一个运动着的物体所经历的时间会比静止的物体所经历的时间要慢。当我们说地上一年，天上一天，这个天上的坐标系需要以 0.9999961 倍的光速在运动。虽然看起来会让人有些不习惯，但也还好，直到"孪生子悖论"（Twin Paradox）被指出来。

在 1905 年爱因斯坦的狭义相对论确立以前，牛顿的机械自然观统治着人们的空间想象，因此无法解释这一现象。而"时间相对论化"的确立，取代了牛顿"绝对时间"的概念，使"绝对运动"概念也失去了立足之地。但狭义相对论很快遇到了在自己体系内不能解释的悖论。

孪生子悖论

有孪生兄弟二人。哥哥坐飞船以 0.8c 的速度离开弟弟所在的地球，过了地球上的 10 年后回来。这时候哥哥在飞船上实际经历的时间是：

$$t = t_0\sqrt{1 - \frac{u^2}{c^2}} = 10 \times \sqrt{1 - \frac{(0.8c)^2}{c^2}} = 6$$

6 年，所以当两个人再见面的时候，去宇宙旅行过的哥哥会比弟弟年轻 4 岁。但，如果我们稍加思考：运动是相对的，当宇宙飞船相对于地球以 0.8c 的速度运动，地球也是相对于飞船以 0.8c 的速度在运动。当兄弟俩再见面的时候，应该是弟弟比哥哥年轻 4 岁。

到底谁年轻的呢？狭义相对论并不能回答这个问题。这就是著名的"孪生子悖论"。

质量问题

惯性质量和引力质量可以严格地成比例，当参数选择合适，这两个不同方法定义的概念可以完全相等。牛顿意识到了这个问题，但在牛顿体系里并没有办法解释为什么惯性质量等于引力质量。这是两个不同的定义，惯性质量是由牛顿第二定律来定义的，加速度和质量的乘积等于外力。而万有引力（重力）也可以定义质量，是不需要运动的。然而当参数选择合适的时候，这两种不同的方法所定义的质量永远是成正比的。当比例参数选择合适，这两者可以完全相等。对于这个问题在牛顿力学体系内部找不到合理的解释，牛顿说这简直是上帝的杰作。一直到三百多年后，爱因斯坦干脆把惯性质量和引力质量等效作为广义相对论的一条公设：引力质量就是惯性质量，重力就是空间弯曲的效应。

当我们坐电梯的时候，电梯启动和电梯停止时我们会感到超重或者失重，我们的腿上会觉得有额外的重力增加或者减少。这个完全可以解释为惯性作用，而增加的这些像重力一样的力被称为惯性力，是外力要改变我们或静止或匀速运动的状态时所要施加的力。如果在一个密闭的电梯里，当然，大多数电梯是密闭的，假设地球突然增加了质量，或者减少了质量，比如在我们没有察觉的时候地球跟另外一个大质量的星体融合或者裂成两半等，在电梯里的我们并不知道，是重力增加了还是电梯在加速或减速，从自身感受上我们无法区分这两者的差别，而爱因斯坦认为，引力质量和惯性质量根本是等价的，这才造成了在封闭电梯轿厢中的人无法区别的是电梯被加速还是引力发生了骤然变化。这是一个重要的新假设，因为这样，我们可以用星体的某种曲线运动，把重力从牛顿体系中除去，从而把时间和空间相互等价而关联起来，创造一个新的时空观。

这时不得不引出广义相对论的一个重要工具——非欧几里得几何。在前面我们讲过两千多年来欧几里得的《几何原本》一直是大家公认的数学典范，它不仅符合人们的常识，而且优美对称。后世的许多哲学家，把欧几里得几何学摆在绝对真理典范的地位。在欧几里得几何的五条公设中，唯独的一点小遗憾就是平行公设不够简明，同一平面内，过已知直线外一点有且只有一条直线与已知直线平行，这更像是一条定理。在《几何原本》中，证明前 28 个命题并没有用到这个公设，这很自然地引起人们考虑：这条啰里啰唆的公设是否可由其他公设推出，也就是说，平行公设可能是多余的。这之后的两千多年，许多人都曾试图证明这点，有些人开始以为自己成功了，但是经过仔细检查后发现，所有的证明都使用了一些其他的假设，而这些假设又可以从平行公设推出来，所以他们只不过得到了一些和平行公设等价的命题罢了。到 18 世纪，有人开始用反证法来证明，即假设平行公设不成立，企图由此得出矛盾。他们得出了一些推论，比如"有两条线在无穷远点处相交，而在交点处这两条线有公垂线"等等。在他们看来，这些结论不合情理，因此不可能真实。但是这些推论的含义不清楚，也很难说导出了矛盾，所以不能说由此证明了平行公设。黎曼等人假设无穷远处的平行线可以相交和更加分离，由此创造了曲面几何，发现了全新的几何理论，它们跟欧几里得几何只是假设不同，但可以推导出完全不同却依然自洽的内容。广义相对论的四维时空框架中的几何学就是利用了黎曼几何，而不是通常的欧几里得几何学。在这种几何学中，空间和时间都不是平直的，而是弯曲的。这并不意味着我们的三维空间包含在另外一个多维空间内，而仅仅是指欧几里得几何学定律适用于更小的、局部的时空范围。当时空尺度变大时，空间便会经历一个从欧几里得平面几何学分离出来的过程。这与地球上通常的几何学情形类似，地面通常看起来是平直的，正像欧几里得几何赋予它的性质那样。当我们在足够的距离之外，比如在飞行于 400 千米高的航天器上看，映入我们眼帘的是地球的曲线。

　　一个小球在一个空间曲面上运动，当它达到某一速度时会有惯性力让它绕着曲面的中心运动。为了让小球能这样运动，需要一个弯

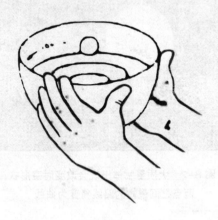

图 8-1　小球在曲面上作圆周运动

曲的空间。能够造成这个弯曲的空间的是一个质量大的物体，比如太阳。你可以想象地球周围的空间弯曲是太阳和地球质量的共同作用。这种由曲面构成的圆周运动和因为重力构成的圆周运动是完全对应的。

　　广义相对论在空间和时间的几何形状与空间和时间内运动物体的行为之间形成了一种广泛的联系。想象一下，把一个玻璃珠放在床垫上。如果有一定速度，玻璃珠将沿直线在床垫上移动。但如果在床垫上放一个保龄球，玻璃珠如果有相同的速度，就会沿着保龄球所形成的曲面滚动，路径从直线变为曲线。保龄球的重量使床垫发生变形，

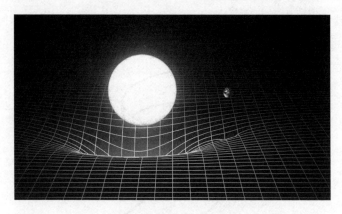

图 8-2　大质量物体出现会改变时空形状，
两点之间最短的路线将变为曲线 ①

---

① 　图片来源：T. Pyle/Caltech/MIT/LIGO Lab

影响了玻璃珠的运动轨迹。用行星、恒星或转动的星系替换保龄球和玻璃珠，床垫换成时空本身。在没有大质量物体的宇宙中，没有空间和时间的变形，两点之间的最短路径是一条直线。当大质量物体出现而改变时空形状的时候，最短的路线将变为曲线。天文学家在1919年的一次日全食观测中证实，太阳的质量可以导致来自遥远恒星的光线弯曲，像爱因斯坦的广义相对论预测的一样。这是广义相对论中所描述的惯性质量和引力质量等价这一假设的结果。

广义相对论导致了空间与时间的融合。按照爱因斯坦的时空观，空间与时间的融合也发生在日常的生活中。例如，在某一确定的地点（北京天安门）和确定的时间（1949年10月1日下午3点）发生了事件（中华人民共和国开国大典）。这之中有三个数字足以在三维地图上标记北京天安门的空间：经度、纬度和海拔高度。如果添加了另一个数字：时间，那么这个时空中的唯一一点就被确定为时空中的一个事件。如果一个事件可以由四个数字定义，那么一系列事件可以由一系列这样的数字定义，彼此跟随，就像在排队行进。在广义相对论中，这种序列被称为世界线。狭义相对论中所讨论的运动着的时钟会变慢的效应，很快就会导致了"孪生子悖论"。这个问题在狭义相对论的范畴内并不能得到解决，直到爱因斯坦发展出来广义相对论，人们才知道在重力场里面，时间是可以在重力的环境下变慢的。而哥哥能够回到地球上来，是需要先减速然后再反向加速的，这个减速和加速的过程，等价于一个重力场，而这个重力场导致了孪生兄弟中的哥哥所经历的时间绝对变慢。

爱因斯坦晚年曾写道："过去、现在和未来之间的区别只是一种幻觉。"这是一个忧郁的评论，但它直接来自爱因斯坦的狭义相对论。想象一下，一群观察者在整个宇宙中不经意地散落，每个人都能够将自己生命中的事件组织成一个线性顺序，一条世界线，每个人都相信自己的生活包括一系列从过去到现在再到未来的时刻。分散在各个时空的观察者们都相信他们现在的感觉是普遍的。毕竟，"现在"，就是此时此刻，不是吗？不那么是。时间以不同的速度流逝，这取决于一个人移动的速度：地球上的一小时过去时，对于几乎用光速离开地球的火箭而言，可能就只有几秒钟。这样，一个人的"现在"完全有可能是另一个人的过去或未来。相对论并没有限制时间穿越，困难的是怎样回到过去。

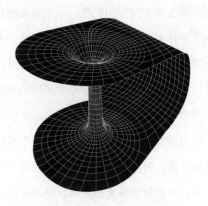

图 8-3　弯曲宇宙的虫洞

在时空弯曲模型中，引力被空间的弯曲完全代替，而质量成为空间弯曲的原因。光又扮演了一个神奇的角色，它把时间和空间统一到一起，从而形成一个完整的时空弯曲模型。但一旦推到时空弯曲了，自然而然就会有些好玩的事情。沿着弯曲的表面行进，我们永远无法超越光速，但因为弯曲，我们总有些机会可以在弯曲的对面打个洞，直接跳跃到前面，这叫作虫洞。对于虫洞的探求，也还有很多问题，例如，我们需要多大的能量来维持一个够大的虫洞让人能够钻过去？一旦钻过去我们就回到了过去或未来。到了未来，我们要怎样沿着虫洞回到来时的那个时空点并带回有用的信息？量子力学允许的很多小小的虫洞时刻产生在我们周围，然后又以极快的速度消失。

既然宇宙可以被想象成弯曲的样子，大爆炸也一样，不要问我大爆炸之前宇宙是什么样子，时间轴也是炸出来的。这就像我们在地球的南极点上所指向的所有方向都是北，在地球的北极点上所指向的所有方向都是南一样，在宇宙诞生的那一瞬间，所有时间都指向未来，并不存在它的过去。

当地球围绕太阳旋转的时候，两者都扭曲着自己周围的时空，而这扭曲并不是静止不变的，这种扭曲会成为某种周期性现象，周期为一年。地球周围的时空确实被周期性运动的大质量扭动了，这样就会形成周期性的时空波动，向更广阔的宇宙中传播，这样就形成了引力波。但对地球和太阳这样的组合而言，其引力波的大小实在是太小了，而且周期也太长，我们没有合适的工具能够测量。但对于质量大很多的黑洞组合，比如两个黑洞互相围着对方在旋转，这个引力波就确实可以在地球上被测量了。可以想象，当设备精度进一步提高，在未来，地球和太阳这样的组合所产生的引力波，也是可以被测量的。由于引力波并不是今天才产生的，到达地球之前它已经走了很久，我们可以通过对这些引力波的观测来了解早期宇宙的形成，从而为宇宙的演化画一幅新的时空图。

图 8-4　周期性的时空波动形成引力波 [1]

夜空为什么是暗的？

　　这是有名的奥伯斯（Heinrich Olbers）悖论：如果宇宙空间无限

------

[1]　图片来源：R. Hurt/Caltech-JPL

延展，而且星体均匀分布，我们朝着任何方向的任何视线都应该碰到起码一颗恒星。那么，天空不是应该一直都是明亮的吗？这个结论显然与事实不符。并且这个问题早在 1610 年就被开普勒注意到了。

正确答案的关键是：宇宙不是无限的，空间上不无限大，时间上也不无限长。

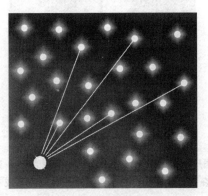

图 8–5　来自星体的光线

从遥远星体发出的光到达我们眼球时有一个有限的分界点，到我们仰望星空的时候，从最遥远星星来的光线还来不及到达我们。1901 年 J. J. 汤姆森给出了一个解释，他认识到，当你遥望夜晚的天空时，你看到的是它过去的样子，而不是此刻的情况。因为尽管按照地球的标准光的速度是非常之快的，每秒 30 万千米，但它仍然是有限的，光从遥远的星球到达地球需要时间。开尔文计算得出：要想夜晚天空是白的，宇宙的范围必须扩大到几百万亿光年。但是因为宇宙的年龄没有万亿年，所以夜晚天空一定是黑的。因此宇宙必然是有限大的，并且是有限年龄的。

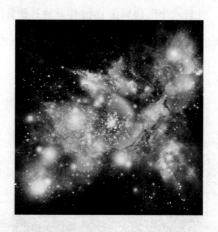

图 8-6　猎户座星云恒星诞生区，图中的星光来自 120 亿年前，在宇宙诞生的十几亿年之后星体刚刚形成 ①

利用哈勃空间望远镜已经可以验证这个答案的正确性。天文学家为哈勃空间望远镜设计了程序以执行一项历史性的任务——拍摄宇宙最深处的照片。为了捕捉最深层空间角落的极其微弱的辐射，该望远镜完成一项前所未有的任务——在总共几百小时的时间内精确地瞄准猎户座附近天空的同一点，这要求该望远镜在围绕地球运转 400 圈的

---

① 图片来源：European Space Agency, NASA and Robert A.E.Fosbury (European Space Agency/Space Telescope-European Coordinating Facility, Germany)

时间内要完全对准同一区域。此项目是如此之困难，以至于天文学家不得不花费 4 个月的时间才完成。

如果你还记得我们前面讲的牛顿的万有引力定律和运动学定律，你是可以推导出来在围绕某一恒星的行星运动速度是和它距离恒星的距离以及恒星的质量相关的。那么，即使我们看不到星系的中心，因为黑洞质量极大，没有光可以从黑洞所在的星系中心跑出来，但我们依旧可以通过测量星系中某个半径上的恒星围绕星系中心的运动速度来推测星系中心黑洞的质量。这叫作开普勒第三定律，是可以从牛顿力学的公理系统中推导出来的。暗物质存在的一个重要证据来自星云中恒星系旋转速度的研究。利用光谱测量，人们可以探测到远离星系核区域的外围星体绕星系旋转速度和距离的关系。按照万有引力定律，如果星系的质量主要集中在星系核区的可见星体上，星系外围的星体的速度将随着距离增加而减小，但实际观测结果表明，在相当大的范围内星系外围的星体的速度与万有引力定律预测的结果相差很大。

这意味着星系中可能有大量的不可见物质，不仅分布在星系核心区，而且弥散在恒星之间的空间里，且其质量远大于发光星体的质量总和。这些看不见的物质被称为暗物质。20 世纪 80 年代，又有一大批支持暗物质存在的新观测数据，包括观测背景星系团时的引力透镜效应，星系和星团中炽热气体的温度分布，以及宇宙微波背景辐射的各向异性等。暗物质存在这一事实已逐渐被天文学和宇宙学界广泛认可。但它到底是什么？根据已有的证据，暗物质的主要成分不应该是目前已知的任何微观基本粒子。

这同样是回到了哥德尔不完备定理所指示的，新的实验发现不能用已知的知识体系来判别。只要是不完备的系统，我们就欣喜若狂，因为有很多很多不明白的事情可以利用这个找到的不完备来使之完备，从而又能找到更多的不完备。

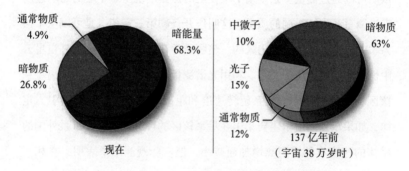

图 8-7　宇宙物质构成的变化

既然说到了暗物质，顺便说说暗能量。宇宙因此必然不是无限大，而事实上它正在高速膨胀。它的膨胀又像是在一个膨胀的气球表面，每一点都互相离开，但没有哪一个点是这个球面的中心。这个跟实验上的观测是一致的，我们朝夜空的各个方向看出去的时候，都能看到这些星系在均匀的离开我们，而我们无法接受地球是整个宇宙的中心，所有星体都均匀地离开我们。但这个膨胀的球面，是一个四维的球面，这一点需要一点想象力。

新的问题是，实验上观测到这些星体都在加速离开彼此，因此宇宙是在加速膨胀的，而我们现在的物理理论却并不支持这一点。物质和能量的总量应该是守恒的，这些加速膨胀的星体所获得的能量是从哪里来的呢？是什么能量让它们可以继续克服彼此的万有引力而加速？这些能量我们暂且称为暗能量，我们不知道它从哪里来。从完备性角度来讲，这又是一个我们不很清楚的缺口，但我们知道一旦它可以被描述，就能带给我们大量探索未知世界的新问题。

麦克斯韦妖的悖论

热力学也有几个基本的公设：

1. 热力学第一公设：能量守恒；

2. 热力学第二公设：封闭系统熵增加；

3. 热力学第三公设：绝对零度达不到；

4. 热力学第零公设：温度相等的物体热平衡。

麦克斯韦（James Maxwell）对热力学第二公设提出了一个悖论。假设我们有一个装着不同分子的小盒子，盒子中间有一个隔板，隔板上面有一个小洞，小洞上装一个开关都不消耗能量无摩擦的门。一开始的时候两种不同的分子充分混合，系统的熵达到最大。这时候有一个小妖来控制这个门，当它看到一种分子从盒子的一端飞过来，就开门让它飞到另外一端，另外一种分子飞过来就关上门把它挡回去。这样只要持续得够久，不需要任何能量，小妖是可以把两种不同的分子分离到箱子的两边。由此，不需要任何能量系统的熵就减少了，而这违背了热力学的第二公设。这个小妖就被后人命名为麦克斯韦妖（Maxwell's demon），它困扰了物理学家很久。因为宇宙是个封闭系统，如果一个封闭系统的熵只能朝着增加的方向走，总有一天宇宙的熵也会走到最大，那时候所有可能的反应都发生过了，宇宙成为一团没有任何反应发生的物质，一片寂静。这曾经是人们以为的宇宙的终点，被称作热寂。那么，本来说好的热寂，难道就因为这个虚构的小妖解决了吗？

很多年后，香农解决了这个问题。他说，小妖看到哪一种分子飞过来而决定开不开门这个过程并不是没有代价的，它要消耗能量。得出是哪种分子的结论这需要有能量来支持观测和计算。任何信息处理都是需要能量的，这个能量的最小值，香农定义为：

$$W > -K_B T \Delta S$$

其中，K_B 是玻尔兹曼常数，T 是温度，ΔS 是信息有序性的变化。信息处理是个物理过程，需要消耗能量。从这个公设出发，香农建立了现代信息论——计算机和信息处理理论的另一块基石。

有趣的是，语言的效率在信息论下也可以重新表达。英语作为表音语言，只涉及 26 个字母的组合，相比较而言，汉字作为表意语言，可以有大量的字符的组合。平均下来，每个英文字符需要 2.62 比特信息，而每个中文字符只要 1.2 个比特信息，这也是通常情况下一本中文的译本比英文原著要薄得多的原因。

表 8-1　信息论下的不同语种的效率

语言	表达相同内容的字数	效率
英语	1936473	1
西班牙语	1804756	0.932
法语	1896459	0.979
中文	884860	0.457
韩语	1259920	0.651
阿拉伯语	1875204	0.968
日语	1519224	0.785
俄语	1506920	0.778

紫外灾难

量子力学的建立在我的另外一本书《量子大唠嗑》里有更为详细的论述，它源于 20 世纪之前的物理理论上并不能解释紫外线能量会趋于无穷大的悖论。进而普朗克引入能量块的解释，干脆把它当作了一个基本假设，即能量总是量子化的，一切豁然开朗。

关于紫外灾难的悖论

19 世纪末，物理学家面对黑体辐射问题通过经典物理得出了瑞利－金斯公式（Rayleigh-Jeans Law），它在光的长波段跟实验数据符合得很好。同时，威廉·维恩（William Wien）提出了另外一个公式：维恩公式，这个公式在短波范围内和实验数据相当符合，但在长波范围内偏差较大。瑞利－金斯公式在长波段符合得很好，但当辐射出紫外光的时候，这条曲线会算出来发射体的能量要趋向无穷大，这在物理上是不允许的，人们把它叫作紫外灾难。

虽然普朗克通过拟合得到了一个可以融合维恩公式和瑞利－金斯公式的方案。为了解释这个拟合公式的物理意义，普朗克不得不引入能量块的假设，但他始终无法相信真正的能量是需要切成块的。他勉强解释说这就像是你去商店买了一包糖，商店总要按包卖，你回来吃的时候还是打开一勺一勺地吃，这里就不是量子化的了。卖糖的只能一包一包卖，这是量子化的。而爱因斯坦干脆就假设量子化本身就是事实存在的。

物理学家最近三十年做的工作是从量子力学的角度重新去理解信息的概念，这与经典的香农现代信息学有很大的差异。目前看来一个物体所蕴含的信息可以分为两种不同的类别，一类是我们所习惯的经典信息，经典信息是可记录、可传播、可描述、可复制的；另一类是量子信息，描述物质的量子关联。量子信息被测量时会发生改变，它不能被复制。量子信息的一个令人困惑的特征在于它可以发生纠缠，一种具体的量子关联。关联是一种具体的存在，它是像粒子一样的确实的物理内容。关联体现了量子力学的精髓。利用爱因斯坦关于纠缠的悖论，事实上我们发现物质的一部分信息可以超光速传递，即相位信息，或纠缠的量子信息，而经典信息是无法超光速传递的。量子信息体现在物质组成单元的关联上，它不可以被经典的方法直接测量，一旦测量就会发生变化，但它仍旧可以用量子通道，即关联的量子粒子来传递。经典部分的信息可以像打印机那样被扫描和复制，信息的量子部分涉及组成基本单元的关联，被测量时就会被改变，也就无法被原样复制。但通过关联的渠道，即量子通道，它确实可以从宇宙的一点，立刻、即时地把一部分信息内容或者物质状态传递到宇宙另一点，量子信息的传递与这两点的实际距离没有关系，它可以远远超过光速。

量子纠缠的悖论

　　爱因斯坦并不是反对量子力学的结论，事实上，他在世的时候已经有大量的实验证明了量子力学的正确性。他只是非常非常不喜欢量子力学的数学描述，这套理论太不理性，应该有一个更好的理论来解释量子力学的所有推论，应该把量子力学所揭示的非理性概念回归到他所习惯并信仰的柏拉图式的理性框架里来。1935 年，爱因斯坦和波多尔斯基（Boris Podolsky）、内森·罗森（Nathan Rosen）三人写了一篇至今都非常有名的文章，质疑了量子力学理论的完备性。他们认为一个粒子在局域范围内携带了其全部性质，对其进行测量的所有结果构成粒子本身的物理真实，不存在这个局部范围之外的物理真实，这个局部范围的大小是受光速限制的。而根据量子理论的观点得出的结论是：相隔很远的两个粒子之间可以瞬间发生相互作用，对其中一个粒子的测量结果受远处的另一个粒子的操控，它们彼此之间的影响可以超过光速。这在经典物理的角度看来是不可能的，因此量子理论是不完备的，为了得到一个关于世界的合理的符合相对论要求的描述——物质与物质之间的相互作用不会超过光速，就必须补全量子理论的形式，史称 EPR 悖论。这是爱因斯坦针对量子力学的哥本哈根解释的新反驳，是关于两个粒子的思想实验。他发现量子理论形式上允许两个粒子处于一种纠缠态，并可以预测两个粒子测量结果之间的强关联。即使两个粒子相隔足够远的距离，而且任何直接联系都不存在时，这种关联依然能保持。虽然从时间上判断爱因斯坦的 EPR 悖论未必受了哥德尔的影响，因为 EPR 悖论是在 1935 年被提出的，这时候年轻的哥德尔的工作未必得到了爱因斯坦的足够重视，但爱因斯坦晚年关于量子力学不完备的讨论，至少从"量子力学不完备"这个说法上来说，很难说不受哥德尔的影响。谁让这两人成了忘年交呢！

　　量子力学允许一对纠缠粒子存在，如果对其中一个粒子进行观测，观测不只是影响了它，也同时影响了它所纠缠的伙伴，而且这种影响与两个粒子间的距离无关。两个粒子的这种非经典的远距离连接，被爱因斯坦称为"鬼魅般的超距作用"。爱因斯坦无法相信纠缠会如此运作，他认为应该有更深刻的方式可以解释为什么它们彼此连接，而不必涉及神秘的超距作用。玻尔所拥护的量子力学表明，相互纠缠的粒子即使相距很远，也可以互相关联；而爱因斯坦则不相信有鬼魅般的关联，他认为在观察以前，一切就已经决定了，也就是说，粒子在被观测前就已经决定了自己的状态。爱因斯坦会说："那你怎么知道呢，你测量它，就会发现那是绝对的状态。"玻尔则会说："但是那状态是由于你的观测所造成的。"双方辩论的当时，没人晓得怎么去解决这个问题。这个问题很快被认为是哲学问题，而不仅仅是科学问题。爱因斯坦逝世前仍相信量子力学是个不完备的理论。问题回归到了在时间上的因果关系，测量前物体的状态就已经决定了还是测量本身决定了物体的状态，这是个可以通过时间相关的测量来考察的问题。

　　爱因斯坦把他的论点进一步具体化，他解释说一对纠缠态的粒子用一双手套就可以说明。想象把一双手套分开放在两个箱子中，把一个箱子送到南极，另一个箱子则放到北极。在两个箱子分开前箱子里放着哪只手套其实已经确定了，只是实验者缺乏这方面的信息，不知道而已。观察者打开送到北极的箱子时，如果看见左手的手套，在这一瞬间，就算没人看过南极的箱子，你也能够知道那里装的是右手的手套。这一点也不神秘，你打开箱子，显然不会影响到另一个箱子里的手套。放在北极的这个箱子里装着左手的手套，而放在南极的那个箱子里则装着右手的手套，这是在当初分装时就已经决定了的。爱因斯坦相信，所谓的纠缠态只不过如此而已，手套的一切状态在它们彼此分离的时候就已经决定了。同样的问题牵涉到薛定谔的那只猫，人们还是倾向于相信打开箱子之前猫就已经是确定了死活的。然而，量子力学对此的反驳来自多方面，一是相同制备的关联系统展示了如果手套不是叠加态而是一个确定的状态，就不会出现相干的态，而事实上确实存在。另外，关于到底是什么时候决定了态的选择，手套的左右是箱子被分开时决定的还是开箱的那一瞬间决定的，贝尔设计了一个聪明的实验来检测这个时序问题，其后紧接着的实验都证明爱因斯坦错了。

爱因斯坦跟哥德尔如此的熟悉，他不可能不跟哥德尔谈起来他所认为的量子力学不完备的问题。所以他说量子力学是个不完备的体系，哥德尔不完备是必然的。我们怎么能那么幸运，又或者说是倒霉地找到一个完备的终极理论呢？而这个终极理论竟然是可以被理解的？首先它必不完备。

第九章

量子力学的完备性

量子力学和计算复杂性，都预示着一些由来已久的问题超越了这一代人工智能解决问题的能力，即使计算能力有了极大的提高，这些问题也并没有实质性的解决，而越来越多的证据表明，这些问题决定了我们人类处理问题和这一代人工智能算法本质上的不同。了解量子计算的一个效果是让我们更好地去理解量子力学；了解人工智能的至少一个好处是让我们更好地了解了自己。

量子力学和哥德尔：经典逻辑之外？

爱因斯坦希望找到一个数学解释，可以维系从牛顿以来所形成的局域实在的物理世界。这个局域实在的观点建立起来并不容易，但建立之后深刻地影响了人类科学发展。局域性首先解释了"因果"的起因。如果在同一个闵科夫斯基空间内，但不在光锥之内的两件事是没有因果关系的。

宇宙间的相互影响是受光速限制的，物质与物质的相互作用是基于某种物理的过程，哪怕相互之间传递的是某种虚拟的光子，事实上，电磁的相互作用是用虚光子的传递来解释的。任何影响以不超过光速的速度传递给其他物质，而观测到的现象是出于物质本身的特性，与观测者的是否观测没有关系。我们称这种经典物理的观点为局域实在。

我们知道，光速是宇宙间最快的速度，信息传输应该不会比光速快。而量子理论预言，处于纠缠态中的两个粒子的这种纠缠性质的关联可以比光速传输更快，也就是说，二者可以瞬间传递信息。

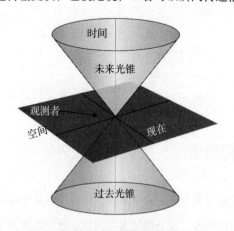

图 9–1　闵科夫斯基空间

爱因斯坦认为物理的局域实在本质不允许这样的事情发生，因此他认为唯一合理的描述是，处于纠缠中的粒子对中的任何一个在分开时就已经携带了某种关联特性，因此也决定了测量的结果。

由于每个纠缠粒子的特性在量子理论中不能被分开描述，因此爱因斯坦认为量子理论的形式是不完备的。玻尔却强烈反对这个结论，并坚信不可能在不破坏自洽性的同时给出量子理论的完备形式。除了薛定谔外，大多数物理学家都没有特别在意玻尔与爱因斯坦之间的争论，因为冲突只是针对量子理论形式的理解，而非挑战量子理论所预测的测量结果。直到贝尔提出贝尔不等式的检测，人们才意识到，量子力学的一些预测与爱因斯坦的局域实在观点之间存在严重冲突。

1964 年，物理学家贝尔找到了一个不等式可以用实验测量来对比局域实在与量子力学的不同预测：人们可以通过一个实验，测量贝尔不等式要求的某些参数，如果测量结果符合贝尔不等式，那么就证明局域实在是正确的，量子力学是不完备的；如果测量结果不符合贝尔不等式，则证明量子力学是完备的，局域实在的观点是不正确的。

在我们现在称之为贝尔不等式的公式中，贝尔指出，对于任何根据局域实在得出的预测，都存在对所预测的相关性的限制，即相关性不会突破贝尔不等式所预言的范围。同时他也认为，根据量子力学的结论，通过一些光学实验的设计，这些限制可以被突破。这意味着在对量子理论形式的解释上局域实在与量子力学相冲突，双方在实验结果的预测方面也有冲突。

贝尔的发现将爱因斯坦与玻尔的争论从认知论转移到了实验物理可检验的真实地带。在接下来的几十年内，实验物理学家设计了各种方法来检验贝尔不等式。1972 年，加州大学伯克利分校和哈佛大学合作完成了第一个实验，接着 1976 年，得克萨斯州农工大学也完成了同样的实验。1982 年法国国家科学研究中心物理学家艾伦·阿斯佩克托（Alan Aspect）等研究人员所做的实验也验证了贝尔不等式与量子理论预测吻合得很好。所有实验都趋向于证明量子力学是完备的。

从实验结果来说，关于量子力学的完备性问题的讨论，爱因斯坦至今都还是错的。应该说这里提到的完备性跟哥德尔所讲的完备性有本质的差别。爱因斯坦在 EPR 悖论中所说的不完备根本就是量子理论与已知的其他理论的矛盾，而哥德尔的不完备定理指向的是理论自身的矛盾问题。

海森堡不确定性原理

哥德尔作为一个无辜的数学家、逻辑学家，被爱因斯坦这"老谋深算"的物理学家洗了脑。虽然爱因斯坦觉得物理学界的年轻人在孤立自己，因为似乎所有的人都站到了量子力学那一面，而他却始终不相信量子力学是完备的。显然，这个说法也多少受到了哥德尔影响，但他还是给他的战友成功"洗脑"，以至于，我们没有任何证据表明，哥德尔相信量子力学。

哥德尔认为他的不完备定理与量子力学的"不确定性原则"没有直接的联系。海森堡在哥德尔发现不完备定理之前的几年就发现了以他名字命名的海森堡不确定性原理，这一原理被宣传为另一个限制我们了解世界终极真理的能力。然而，爱因斯坦死后，哥德尔对别人跟他讲的关于量子力学的任何思考都非常敌视。

著名物理学家约翰·惠勒曾经在访问普林斯顿高等研究院时试图去跟哥德尔讨教他的哥德尔不完备定理与海森堡的不确定性原理之间存在的联系，"好吧，有一天我在高等研究院做讲座，顺便拜访了哥德尔的办公室。时值隆冬，哥德尔办公室开着电加热器，他的腿上裹着毯子。我说，'哥德尔教授，你看你的不完备定理与海森堡的不确定性原理会有联系吗？'哥德尔勃然大怒，把我从他办公室里赶了出去！"

然而我们仔细审视海森堡不确定性原理和哥德尔不完备定理的相似点，就会发现如下事实：

大多数时候我们都可以忽略海森堡不确定性原理的存在，就像我们忽略哥德尔不完备定理的存在一样，这并不影响我们认识足够多的自然界；

它们处处都存在，只是我们的认知习惯选择了对它们无视；

它们限制了我们任意的认知和理解世界的能力；

它们是超越工具性的，对我们人类认知世界的能力限制是不由工具本身的提高而解决的。

海森堡在 1927 年发现，如果要测量一个运动粒子的位置和动量，人们有一个基本的精度限制。在某一方面如果想要测量的精度越高，其他方面人们能说的就越少。这并不是指测量仪器的质量问题，而是自然界根本就具有不确定性。这个结果现在被称为海森堡的不确定性原理，它意味着在量子力学里我们谈论不了粒子的位置或轨道。

不管怎样，既然一个是量子力学的精髓，一个启发了图灵，二者之间会有什么其他关联呢？ 1982 年费曼（Richard Feynman）在一次物理学会议上提出了量子计算的想法。到 1985 年，第一个量子计算算法在牛津被戴维·罗伊奇（David Deutsch）提出来，他甚至提出了量子图灵机的概念。量子计算机是经典计算机的替代品吗？还是只是速度更快的升级版的图灵机？

什么是量子计算机？

量子计算机还是要基于量子力学的基本公设体系。那么我们先看看量子力学的理论。

量子力学的公设：

假设 1　一个量子力学系统的状态由其状态矢量完全确定。

假设 2　在量子理论中，观察量由作用于相关希尔伯特空间的数学算符表示。

假设 3　观察量的均值由相应算符的数学期望值给出。

假设 4　在一个不受外部影响的封闭系统中，状态矢量将依照含时薛定谔方程随时间演变。

第一个假设在说状态矢量是希尔伯特空间的叠加态，即一个存在的物理量可以写为：

$$\varphi = a|1\rangle + b|0\rangle$$

其中，$|1\rangle$ 和 $|0\rangle$ 是希尔伯特空间的两个矢量。

如果活猫是一个允许的存在，死猫也是一个允许的存在，那么活猫 + 死猫也是一个允许的存在。如果状态 A 是一个允许的存在，状态 B 是一个允许的存在，那么一定有一个亦 A 亦 B 非 A 非 B 的状态，也可以是一个允许的存在。这就是有名的量子叠加原理，它是量子力学中"诡异"的根源。状态 A + 状态 B 这个奇怪的存在被叫作状态 A 和状态 B 的叠加态。在量子力学中我们通常把状态 A、状态 B 标记为 $|A\rangle$、$|B\rangle$，这样状态 A 和状态 B 的叠加态就被标记为 $|A\rangle + |B\rangle$。

同样这两个矢量可以是矛盾的，比如活猫和死猫，没有道理说我们不能定义这两个态一个代表真值，一个代表其否定。于是这让我们深刻地怀疑，量子力学并不是经典意义上的自洽。事实上，自量子力学诞生以来的这一百多年，无数智慧如爱因斯坦的物理学家，都在努力证明量子力学的不完备，但我们所有迄今为止的实验都说明了这些质疑是错误的。那么我们是不是可以承认量子力学本身是完备的，但不是经典意义上的自洽呢？

我没有好的理由继续下去，不是经典意义上的自洽系统，那它又是什么呢？我开始构想一种超越了经典理性的逻辑框架。但也许这就像是普朗克的工作一样，在本来可以开启的大门前犹豫不决，最后给了一个应付了事、似是而非的临时解释。这里我们不做太多展开，这还是个假想，缺乏实验的依据。

量子力学也许预示着我们不得不找到一个好的数学工具，这个数学工具可以包容量子叠加性所带来的不自洽问题，从矩阵代数出发的可以叠加的数学系统呢？至少在量子力学方面的数学工具还是有用的？作为一个实验物理出身的工作者，我就不凭想象去延伸了。

但我们确实无法想象，如果数学工具本身是有缺陷的，那么它会给建筑于这之上的物理学产生什么影响。一旦有，那影响将是深刻的。

量子计算机

计算机科学和计算机工程改变了现代社会的各个方面。在这些领域，前沿的研究是关于计算的新模型，构建计算机硬件的新材料和新技术，加速算法的新方法，以及在计算机科学和其他科学领域之间建立桥梁，科学家们利用自然现象作为计算程序的对象，并采用新颖的计算模型来模拟自然过程。人们也研究优化处理信息和计算解决方案所需的资源，通过比较不同解决方案的复杂性来估计实施成本的问题。但理论计算机科学却常常因为它习惯的规范形式而不考虑用于执行计算或信息处理任务的那些设备的物理特性和成本，因此常常只顾及算法的优美而忽略了物理的硬件支持能力。因为量子力学主宰着一切物理系统的行为，即使是我们所说的经典世界，也必须归纳于量子力学的一种特殊情况，但怎样做一台实用的量子计算机直到今天我们并不明确。一台实用的量子计算机，我们不仅仅需要做一台能像图灵机一样工作的计算机，而且还要解释为什么这台计算机比图灵机要强大。1982 年费曼在一次报告中提出了另外一个考虑，即我们需要的也许不是一个通用的计算机，而是一个通用的量子模拟器，一个因为特殊目的而构建的量子模拟器。复杂的物理系统没有对应的有效的模拟它们的计算机方法，因此费曼建议用量子系统直接模拟量子系统。因为根据第一性原理，当两个哈密顿量相同，一个量子系统是可以模拟另外一个量子系统的。无论如何，这是量子计算第一次被正式提出。

费曼提出的论点表明量子计算可以比任何经典计算机更有效地计算某些问题，它可能不仅仅是升级版的计算机。他认为可以通过特殊设计来模拟相似的两态系统之间的任何相互作用，但他没有说明如何实现。

用于计算或信息处理的任何物理设备的行为最终必须通过物理定律预测，就不得不遵循量子力学的基本公设，量子计算可以被定义为构建量子计算机和量子信息处理系统的跨学科领域，即使用量子力学性质的计算机和信息处理系统，它的研究目前主要集中在利用量子计算机物理特性的构建和运行算法上。

在将量子计算定位为替代经典计算机而成为发现新一代科学理论的希望和工具时，人们需要发现并开发新颖而强大的计算方法，它可以使我们显著地提高数据处理能力来解决某些问题。寻找好的量子算法是一项艰巨的任务，因为量子力学是一种违反直觉的理论，而直觉在算法设计中起着重要作用，并且对于量子算法来说，它要比任何对应的经典算法做得更好、效率更高才有开发的价值，才能受到足够的认可。但无论如何，构成量子计算与经典计算的不同是有一些关键元素的，包括量子比特、量子随机、量子长程关联和量子行走。

量子比特

比特，是一个有 0 或 1 两个取值的计算和存储单元。任何一个物体，如果它存在两种不同的状态，那么我们就可以用这两种不同的状态来实现一个比特。比特是信息的基本单位，是数字通信数字计算机中的主角。我们现在所经历的信息革命，如手机、微信、WiFi（无线连接）、电视等，就靠它了。而它的出现，可以上溯到 1837 年摩尔斯发明的电报，长按和短按电报机的发报键。长按代表 1，短按代表 0。通过密码本把所有英文字母对应为 0 和 1 的组合，这样就可以通过电流的通断来传递信息了。

量子比特是量子信息的基本单元，是量子通信和量子计算中的主角。它的量子性质造就了量子通信和量子计算的神奇。有人甚至认为量子比特是组成世间万物的基本构件。可量子比特到底是个什么东西？它神奇在什么地方？

在经典物理中，最简单的系统就是一个比特。一个比特只有两个态：0 或 1。而量子叠加原理告诉我们：任何两个态的叠加也是一个可能的态。为了区分经典比特的态，我们用 $|0\rangle$ 和 $|1\rangle$ 来标记量子

比特的状态。所以一个量子比特，不仅有 $|0\rangle$ 和 $|1\rangle$ 两个态，还有它们的任意叠加态：

$$|\psi\rangle = \psi_0 |0\rangle + \psi_1 |1\rangle$$

这里 ψ_0 和 ψ_1 被称为叠加系数。我们发现一个量子比特可以有无穷多个不同的状态，这些状态由两个复数 ψ_0 和 ψ_1 来刻画。当然这无穷多个态大多都不是相互排斥的。常用的是两个相互排斥的态，如 $|0\rangle$ 和 $|1\rangle$、$|0\rangle + |1\rangle$ 和 $|0\rangle - |1\rangle$，等等。两位量子比特可以存储（00，01，10，11）4 个状态，而 3 位的量子比特可以同时存储（000，001，010，011，100，101，110，111）足足 8 个状态的信息。

只要是一个量子系统就可以当作量子比特的备选对象。困难在于如何有效地操控它们，同时避免环境的影响。一个电子的两个自旋态就可以实现一个量子比特：自旋向上对应于 $|0\rangle$ 态，自旋向下对应于 $|1\rangle$ 态。

我们知道光有偏振现象，光的偏振也可以有不同的方向，不同方向代表了光子自旋的不同状态。这无穷多个偏振方向，表示光子自旋可以有无穷多个不同的状态。像电子自旋一样，这无穷多个态大多都不是相互排斥的。我们一样有两个相互排斥的态，如竖偏振和横偏振。我们可以用竖偏振代表 $|0\rangle$，用横偏振代表 $|1\rangle$。这样一个光子的自旋（偏振态）就是一个量子比特。一个光子还可以有左斜偏振，其对应于一个又横又竖不横不竖的偏振态，记为 $|0\rangle + |1\rangle$。一个光子也可以有右斜偏振，其对应于另一个又横又竖不横不竖的偏

振态，记为 $|0\rangle-|1\rangle$。量子保密通信可以利用这4种状态的光子来实现的。

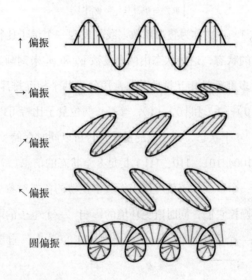

↑ 偏振

→ 偏振

↗ 偏振

↖ 偏振

圆偏振

图 9-2　光子偏振的几种方式，即几个不同的量子叠加态

量子随机数

对量子随机数最好的描绘，莫过于爱因斯坦所说的话："上帝不可能掷骰子"。但玻尔回敬了一句，"别去指挥上帝该怎么做"。

在爱因斯坦的世界观里，基于牛顿力学所构建的局域实在，是不允许某一个事情的发生是没有原因的。这与经典逻辑所要求的第四条公设充分理由定律，即事情的发生必然有原因的要求一致。一个骰子落在了哪个面，不由任何外在的、内在的原因来决定？完全不可预测？这跟经典的经验并不吻合。当我们知道所有初始状态的信息并且有足够强大的计算能力，为什么我们不能够构建一个完美的方程来描述骰子的所有运动，从而对它的未来结果进行预测呢？这就引出了拉普拉斯（Pierre-Simon Laplace）悖论：当我们知道了宇宙所有粒子的运动状态，和它们的相互作用性质，我们总能够写出来足够多的方程，这些方程就成了描绘这些粒子运动的原因，而它们所描述的对象的演化，就是自然的结果。

如果拉普拉斯悖论为真，我们一样可以写出关于我们自己的计算程序，这样我们的历史和未来都是已经设计好的脚本。只要有这个脚本，或者将来有一台足够容量的计算机，就能计算整个人类的历史和未来。它已经知道了一切，而我们，自以为有自由意识的人，就像安排好的演员，有固定的脚本，时间到了就上去演戏。该做什么，有什么样的结果，都是预先已经设定好的。历史上有这样的辩论，因为所有事情都是预先设计好的，所以杀人犯也不用判刑，因为这不是他决定的，而是在很久很久以前，甚至是在他出生之前，这一切都被决定好了，他只是执行者或者也是这个决定的受害者。而法官可以回应说，我判处他这样受罚也是预先被决定好了的。

近代的物理学发展对拉普拉斯悖论做出了这样的回答。混沌力学发现即使动力学方程本身是确定的，但它的演化结果也有可能完全不确定。任何微小的差别，都可以演化出完全不同的结果。而这些初始的微小的不同，可以来源于量子力学的随机。我们完全没有办法预测量子的随机什么时候发生，发生在什么地方，怎样发生，不仅是我们无法预测，上帝都不能。

量子长程关联

量子长程关联揭示了一个完全不同于局域关联所限制的世界。当然从实现的技术和方案上我们还没有足够的进展来造出一台实用的量子计算机，但我们可以想象利用量子的长程关联，已经有一些与经典计算截然不同的效果。

经典计算单元需要局域的相互作用作为基础。对于一个经典计算机，它的每一个计算单元都要靠跟相邻的计算单元通过相互作用来实现计算。在物理器件中实现需要，比如说具体到导线的连接，这些物理连接制约了算法。当第一个计算单元完成计算的时候，它有 N 个有限的连接，接下去每一个连接也还有 N 个，这样继续下去，有 $N \times N \times N$ 个连接，事实上，由于局域相互作要求的物理接触，使得由于物理空间的限制，N 通常只能做到几个。但对非局域关联来说，所有的计算单元同时参与计算，这样的网络可以迅速遍历所有的计算通道，使某一类型的算法执行起来非常快。我们要谈到的量子随机行走，它可以在一个网络中迅速找到答案所需的节点，因为它几乎是同时遍历所有的节点，而不是一步一步依靠经典的物理联结（局域关联）扩散而找到答案。当我们讨论人脑细胞的相互作用，如果说人脑有 130 亿个脑细胞，假设每个细胞会跟 6 个细胞发生相互作用。它们是通过物理连接而局域关联的话，相互作用关联数量就是 $N \times 130$ 亿，N 是个不太大的数。而当它们是非局域关联的话，其关联数量就达到惊人的 130 亿的 6 次方，这远远超过了地球上所有计算单元的总和。

量子的随机行走

经典随机行走是一种随机过程算法，它描述了算法的演化过程有随机的机制，实践中它已经被证明是随机算法发展的一种非常有用的技术。除了在算法中发挥的关键作用之外，经典随机行走在物理学、生物学、金融理论、计算机视觉和地震建模等许多科学领域中也发挥了重要作用。

量子行走是经典随机行走的量子力学的对应，是构建量子算法的一种工具。量子行走被证明可以构成一类通用的量子算法。由于经典随机游走已被成功地用于开发经典算法，量子计算的主要议题之一是量子算法的创建比其经典算法更快，因此人们对理解量子行走的性质有着极大的兴趣。尽管一些作者选择了"量子随机行走"这个名称来指代量子现象，事实上，在费曼关于量子力学计算机的开创性工作中，我们发现它可以被解释为连续的量子行走。但更多人认为，第一篇以量子行走为主题的论文是由亚尔基·阿哈罗诺夫（Yakir Aharonov）等人于 1993 年发表的。自此，经典随机行走和量子行走之间的联系以及量子行走在计算机科学中的应用成为新的研究领域。

目前我们常讨论的模型是离散量子行走模型，它由两个量子力学系统组成，一个负责走路，另一个负责丢硬币。离散量子随机行走的操作很简单，一个硬币，扔起来，如果是正面，朝左走，如果是背面，朝右走。当这个过程量子化的时候，我们会发现它的行走速度要比经典随机行走的速度快很多。尤其是对一个网络而言，用量子随机行走来搜索这个网络的节点时，其速度会远远快于经典随机行走的速度。基于连续量子行走的算法，给定一个图，由两个高度为 n 的二叉树组成，左侧树的 $2n$ 个叶子用根据图 9-3 所示的方式，右树的 $2n$ 个叶子，并且有两个标记的节点入口和出口，找到一个从入口到出口的算法。从中可以看出，有可能构建一个量子行走，它从入口到出口，比其相应的经典随机游动指数快得多。换句话说，这个模型提出的连续量子行走找到目标的时间是多项式的（与 N 的几次方成正比），而相应的

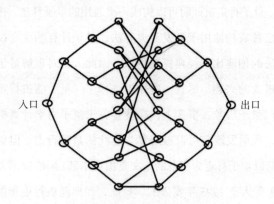

图 9-3　连续量子行走算法

经典随机行走找到目标的时间是指数级增长的（与 2^N 成正比）。

量子算法

1985 年，戴维·多伊奇迈出了关于量子计算重要的一步，他设计了量子计算的第一个例子。多伊奇定义量子算法是一类可以在量子计算机上执行的算法，并证实了量子算法有可能比传统的算法更有效。多伊奇算法利用了量子叠加和量子纠缠原理，被广泛认为是量子计算的第一个蓝图。因为它具有足够的特性和简单性，可以考虑用真正的物理装置实现。多伊奇算法作用于一个二值状态系统。多伊奇证明，如果可以通过一组特定的简单操作这个二值态系统，就可以具有普适性，进而可以模拟任何物理系统的演化。他还讨论了如何使用相同的思路产生类似图灵机的计算装置，从而成为一个实际意义上的通用量子模拟器，尽管这点需要未来更多的发展来验证。

多伊奇的简单操作现在被称为量子门，因为它们在经典计算机中起着类似于二进制逻辑门的作用。多伊奇提出了量子图灵机的概念，成为所有今天所谈及的量子计算的原型。对应于经典计算机的比特电子操作，量子算法也有针对量子比特的量子门操作。设计一个对二值操作的量子门，Hadamard 门。我读书的时候戏称哈德门，它可以将量子比特映射到完美的叠加态，如下：

$$H = \frac{1}{\sqrt{2}} \begin{pmatrix} 1 & 1 \\ 1 & -1 \end{pmatrix}$$

在多伊奇的设计中，他给出了一个输出值为 0，1 的函数 $f(x_1, x_2 \cdots x_n)$ 的黑盒子。黑盒取 n 位 $x_1, x_2 \cdots x_n$，x_i 取值为 0 或 1，并输出值 $f(x_1, x_2 \cdots x_n)$。黑盒子中的函数要么给出常数（所有输入都为 0，所有输入都是 1）或均衡（对于一半输入值返回 1，对于另一半返回 0），任务是确定 f 是常数还是均衡。对于经典的确定性算法，在最坏的情况下将需要 2^n 次的 f 评估，即将 0 和 1 分别代入来比较结果是否都为 0 或者 1，还是一半是 0 一半是 1。利用经典随机算法，足够数量的评估可以产生高概率的正确答案，但如果我们总是想要正确答案，仍然需要 2^n 次评估。而多伊奇量子算法利用哈德门形成计算单元的量子叠加，并利用计算结果的量子相干，只需 1 次 f 评估即可产生一个总是正确的答案。

多伊奇算法是最早的量子算法，后来有用于大数分解的彼得·舒尔（Peter Shor）算法和搜索的格罗弗（Lov Grover）算法，以及量子随机走动算法，这些算法都被证明比经典的算法要快，这种快不仅是计算速度的加快，而且是计算复杂程度意义上的降低。这里尤其要提到的是舒尔的大数分解算法，它使得需要计算时间为 $O(N^p)$ 的问题降为 $O(p \ln N)$。比如因式分解一个长 10000 位的自然数，舒尔的算法要 1.6×10^8 步，而经典算法要 6.7×10^{51} 步。如果计算机执行每步时间为 10^{-9} 秒，舒尔的算法只要不到 1 秒，而经典计算机要大约两千亿亿亿亿年。而我们知道的今天通用的数据安全加密系统都是基于自然数的大数分解，一旦可以这样快地分解一个很大的自然数，常用的密码系统就变得很容易被破解了。

量子门是量子电路的基本模块，就像逻辑门用于经典数字电路一样。和经典电路逻辑门一样，设计类似于经典逻辑操作中的与非门，通用量子门（可控非门）可以实现量子计算的所有算法。在经典计算机系统中，通过逻辑门以某种方式改变和修改存储在经典存储器中的二进制值，产生新的值。对于在量子存储器中具有叠加的量子系统也是如此，应用于另一个叠加的量子门，得出有效输出。量子门和经典逻辑门之间的一个主要区别是其运算的可逆性。量子门操作是可逆的，即在 X 上应用量子门 A，得到 Y，在 Y 上应用量子门的逆操作 A^{-1}，$A^{-1}Y$ 就会再次得到 X，没有信息丢失。经典逻辑门是不可逆的，数据处理会使信息丢失，这是经典计算的巨大的问题：根据香农定律，经典计算设备因为处理信息需要消耗大量的能量，所以对系统有热量的损耗。对于量子计算来说，这个问题几乎不存在。这是个有意思的事情，我们通过量子计算知道了某些新的东西，但没有以付出相应的热量为代价。这与香农的信息熵的处理有很大的不同，也违背了经典热力学第二定律的。这是否也意味着大脑作为信息处理工具也有着量子化的基础，如果它真是以量子计算为基础，会省很多能量，这跟我们的经验是一致的。到今天的人工智能算法都以其对计算资源的占用和耗费著称，而解决大多数类似问题的人脑，它的低功耗简直让人惊奇。

在经典系统中，任何逻辑门都可以使用布尔代数表示。类似的量子门表示的变换可以描述为酉变换矩阵。在这样的矩阵中，如果门作用于 n 输入量子态，则矩阵的大小为 $2^n \times 2^n$，其中输入量子比特的数量等于输出量子比特数量。当一个量子比特能同时存储两个信息的时候，那么两个量子比特就能同时存储 4 个经典信息，3 个量子比特就是 8 个经典信息……由此，当我们有 50 个可控的量子比特的时候，我们就有了 2^{50} 个经典信息，这已经超过了宇宙中的粒子数量。而运算操作中，如果能够充分利用量子的叠加性质、纠缠性质，那么我们就可以设计合适的算法，同时对这么多计算单元进行操作，并能顺利地读出操作结果，这些算法的运算速度，就会远远超过经典算法的运算速度。而最近的一些研究表明，在经典算法所认为的不可解问题上，量子计算是可以为其中的一些问题提供解法的。这就是说，量子计算的计算能力比经典计算要强，速度也要更快，计算效率更加节能。量子计算可能会涵盖一个更大范围的可计算问题，这对数学本身来说是具有重大意义的。

量子计算的复杂性

理论计算机科学的一项基本任务是将问题按照复杂程度来分类。计算复杂性由解决这个问题所需的资源来决定，通常指的是计算时间和计算这个问题所需要的物理资源。

　　例如，我们有测试某个数字是否为质数的算法，但尚未找到有效的算法求解一个大数的质因数。前者是个 P 问题，而后者是个 NP 问题。我们定义 P 问题是经典计算机可以快速解决的所有问题。"这个数位是质数吗？"属于 P 问题。NP 问题是经典计算机不一定能快速解决的所有问题，但如果有答案，它们可以快速验证答案。"一个大数的质因数是什么？"属于 NP 问题。计算机科学家认为 P 问题和 NP 问题是不同类别的问题，但两者之间的差别是这个领域至今没有定论的最著名和最重要的问题。

　　1993 年，计算机科学家伊桑·伯恩斯坦和优曼许·沃兹内尼定义了一个新的复杂性类 BQP 问题，即有限误差的量子多项式时间内能解决的问题，量子计算机在多项式时间内可以解决的一类决策问题（确定"是"或"否"答案的问题），计算的随机错误概率小于1/3。BQP 问题是量子计算机可以有效解决的所有决策问题。在同一时间，他们还证明了量子计算机可以解决经典计算机可以解决的所有问题。也就是说，BQP 问题包含 P 问题中的所有问题。但科学家希望找到一类问题，是在经典计算机 NP 的问题之外，BQP 可解的问题。这样，就可以证明量子计算机的范畴要大于经典计算机。理论计算机科学家已经知道量子计算机可以解决经典计算机所能解决的任何问题。

　　2018 年两位量子计算学家然·拉茨（Ran Raz）和阿维沙伊·塔尔（Avishay Tal）的工作表明有一类计算问题，量子计算机可以有效地解决，但经典计算机却不能。拉茨和塔尔的论文表明，量子计算机和经典计算机确实是不同的类别——即使在一个经典计算机成功解决了 NP 问题的世界里，量子计算机仍然会超越它们。

但我们无法确定 BQP 问题是否包含另一个被称为 PH 的重要问题，PH 代表多项式层次结构。PH 问题是 NP 问题的推广，它意味着如果从 NP 中的问题开始，并通过分层诸如"存在"和"普遍存在"之类的限定语句使其更加复杂，它将包含所有问题。今天的经典图灵机不能解决 PH 中的大多数问题，但你可以把 PH 看作是经典计算机在 P 等于 NP 的情况下可以解决的所有问题的一类。换句话说，比较 BQP 和 PH 的范畴是为了确定量子计算机是否比传统计算机具有优势，能够比经典图灵机解决更多的问题。

区分两个类是否一致的最佳方法是找到一个问题，它可以被证明是在一类而不是另一个类中。然而，由于基本障碍和技术障碍的结合，发现这样的问题一直是一个挑战。如果你想要的是 BQP 中的问题，但不是 PH 中的问题，那么你必须确定一些问题，其答案无法被一台经典图灵机有效地验证。斯科特·阿伦森（Scott Aaronson）在 2009 年提出这样一个问题，并证明它属于 BQP 问题：有两个随机数生成器，每个生成一个数字序列。计算机面临的问题是：这两个序列是完全独立的，还是以某种隐含的方式相关？比如事实上其中一个序列是另一个序列的傅立叶变换的形式。

这就留下了更困难的第二步——证明它不在 PH 范围内。

这就是拉茨和塔尔所做的工作。他们找到了一个可以区别 *BQP* 和 *PH* 的黑匣子。这是计算机科学中常用的一种方式，当人们想证明的东西超出了某一范围时，找到一个例子在这范围之外就够了。

拉茨和塔尔计算出计算机需要询问"黑盒子"的次数，以便比较两个序列是否是独立的。"黑盒子"就像一个暗示装置，你不需要知道它是怎么工作的，但知道它是可靠的。如果你的问题是找出两个随机数生成器是否有某种隐含的关联性，你可以问"黑盒子"问题，比如"每个随机发生器生成器的第 6 个数字是什么"，接着人们就可以根据每种类型的计算机需要解决此问题所需的提示数量来比较计算能力，需要更多提示的计算机速度较慢。

从某种意义上说，这个问题更关心谈论信息数据而不是计算。拉茨和塔尔证明量子计算机需要的提示远远少于经典计算机解决类似的问题所需要的。量子计算机只需要一个提示，相比较即使有无限的提示，*PH* 中也没有能够解决这个问题的有效算法。拉茨说："这意味着有一个非常有效的量子算法来解决这个问题。"这就证明了，对于被询问的"黑盒子"而言，这是 *BQP* 中的问题，但不是 *PH* 问题。

这样 *BQP* 和 *PH* 就此分离。拉茨和塔尔的工作也证明，即使 *P* 等于 *NP*，仍然会有只有量子计算机才能解决的问题。它至少提供了足够坚实的证据，说明量子计算可以解决经典计算机不能解决的问题，它存在于与经典计算机不同的计算领域，即是说，如果基于经典计算机的这一代人工智能不能够完成的任务，量子计算机也许可以。

更高一级的逻辑?

哥德尔不完备定理可能包容了量子力学本身。量子力学是完备的而不是经典意义上的自洽,这也许启发我们量子计算机有可能是突破经典计算机理论而超越了图灵机的限制。它能够解决一些图灵机所不能够解决的问题,而向模拟人的思维更进一步。

对待人工智能,人类往往有种对机器的"人肉歧视",认为只有人做的才是好的。图灵说明了借助于图灵机,所有可描述算法都可以由图灵机来完成,但所有不可描述的东西意味着我们也不懂。比如感情、联想、直觉,我们都不懂如何用算法来描述人类这些特别的技能。一旦我们能够清晰地认知这些技能,我们就可以用一个图灵机来模拟它,但这做不到,至少目前做不到。所以,这意味着我们懂的东西,机器也会懂;而我们不懂的东西机器也休想懂。从这个意义上讲我们没有道理歧视机器,因为我们懂的不比它们更多,我们也没必要担心机器,它们懂的东西也不会比我们更多。而这个界限在于那个似乎并不太处处可见的创造的源泉,"捣蛋鬼"哥德尔所画出的界限意味着:有些真理,我们能够意识到,但不能够为算法所描述。这样的规则成就了人类思维的特殊性,可以让我们跳出有限的假设而获得直觉带来的新知。

第十章

物理和数学：
自然与认知的边界

　　描述自然的法则似乎都具有数学形式。至少在物理学领域是这样的，你可以将定律写成数学形式，这样它就会具有强大的预测能力，物理学的这个分支领域或具体问题才成为一个可描述问题。至于大自然为什么是数学的，同样也是一个未解之谜。但一旦可以用数学描述了，就可以交给图灵机让人工智能的设备来帮助我们做出新的预测了。我们说，这件事情已经被我们的认知领域包容了。

物理学是最基本的、包罗万象的学科，它对整个科学的发展有着深远的影响。到了今天，物理学是与过去"自然哲学"相当的现代名称。现代科学大多数是从自然哲学中产生的。许多领域的学生发现自己是在学习物理学，就是因为它在所有现象中起着基础作用。数学与物理有着令人瞩目的关系，虽然有时候我们说数学不是一门自然科学，或者科学，但它的正确性是不需要实验检验的。我们说一件事情不是科学，并不意味着我们对它有不敬和丝毫的轻视，它只是不适用于我们所定义的科学标准而已。

——费曼

1921 年，一本《微积分基础教程》勾起了哥德尔对数学的兴趣。同一时间前后，他读了一本歌德的传记，这又间接地引导他对牛顿的思想和一般物理学的兴趣。1924 年，哥德尔进入维也纳大学学习物理。1926 年，因为对精确性的追求，哥德尔决定离开物理而研究数学，最终在 1928 年聚焦在数理逻辑上。从他信里的两段文字，可以看到他这一时期的思想，一是他早早成为柏拉图理性主义信仰者，二是他认为自己与当时维也纳学派的知识氛围格格不入。

大约从 1925 年起我就是一个概念和数学实在论者。

我不认为我的工作是 20 世纪早期维也纳学术气氛的一个侧面。

20 世纪物理学和数学都经历了新的革命和反思，从而到达了新的阶段。这个新阶段的意义和影响直到今天也还在发酵，事情才刚刚开始。我看到的是，若拿哥德尔的标准来看我们还没有熟悉的，哪怕是经典逻辑学，每句话都会有问题，这让我写起这本书来也举步维艰。从 19 世纪末开始，人类的科学和认知经历了两个时代的跨越，首先是经典理性逻辑的梳理和完善，接着是这种逻辑的突破。这两个阶段接踵而来，让我们这个文明古国多少有些措手不及。

图 10-1　数学、物理及其他学科以实验之界分割开来

大多数人同意物理世界是客观实在的。我们从经验中得知，人类的思维对物理学有很多认知，这一点不论从我们日常的知识还是从我们今天掌握的物理学知识来说，都是显而易见的。我们还知道，人类的思维对数学世界也有许多认知，因为我们有丰富可靠的数学。大多

数人同意思维经验在我们的知识中起到重要的作用, 但这绝不是说仅仅用感官经验就能解释这些概念性知识, 而概念性知识不但在物理学中起到重要的作用, 它在数学中的作用, 甚至更加突出。那么我们自然会问道, 思维与实践的结合既然能够创造足够多的概念性知识, 尤其是能够了解和应用数学工具, 那么这种能力在物理世界中的应用范围能扩展到多大? 其本性如何?

数学的不能

数学很早就不自觉地被哥德尔不完备定理所影响。我们回溯历史, 在数学建立的初期, 就有些某个理论框架里不能理解的事情, 从而不得不引入新的概念进行补充。

大约在公元前 550 年, 古希腊的毕达哥拉斯学派认为"万物皆数"(指整数), 即数学的知识是可靠的、准确的, 而且可以应用于现实世界。数学知识可以由纯粹的思维而获得, 不需要观察、直觉和日常经验。而自然界的一切数, 不是整数, 就是整数的比值, 即有理数, rational。

当毕达哥拉斯发现了勾股定律, 即一个直角三角形的斜边长度的平方, 等于两个直角边的长度的平方和。麻烦就有了, 一个等腰直角三角形, 当它的两条直角边都是 1 的时候, 它的斜边不是任何两个整数的比值。

　　毕达哥拉斯学派的希帕索斯（Hippasos）花费了大量的时间和精力去研究这个数，即 $\sqrt{2}$，经过大量的研究之后，他得出结论：$\sqrt{2}$ 既不是整数也不是分数，是当时人们还没有认识的新数，它是一个新发现。既然基于整数和分数的数合称为有理数，后来人们把这种新数就取名为无理数（"无理数"最初的意思只是"不成比例的数"，而不是没有理由的数，像今天它的字面所暗示的一样）。这个"新数"的发现本可以直接促进当时数学和人类文明的发展，只不过毕达哥拉斯学派的人却视之为洪水猛兽。为了维护学派的威信并永远保守这个秘密，希帕索斯被毕达哥拉斯学派的师兄弟偷偷扔进海里淹死了。

　　希帕索斯的发现最终还是被世人所知。其他人也发现这种新数的存在，如面积为 3、5、6 等的正方形，它的边长就无法用整数和分数来表示。随着时间的推移，无理数的存在逐渐成为人们所共知的事实。

　　这让我们第一次看到已有的数学假设体系中不能给出完整描述而不得不引入新的特殊规则的案例。同样，直到 19 世纪，欧几里得几何一直是数学公理系统的典范。几乎一开始人们就相信欧几里得几何体现了世界的真实，它是关于宇宙的绝对真理的一部分。它的特殊地位和它对数学其他领域的影响两千多年来基本没有变化。欧几里得几何学的优美和它对绝对真理的广泛信仰为数学信仰提供了重要基石。两千多年来神学家和哲学家普遍认为人类的理性可以掌握一些终极的事物的本质，如果受到质疑，那会超出了我们思维的力量。欧几里得几何作为一个具体的例子和方式预示着人对事物最终本质的洞察是可能的。这里面最神奇而经典的案例应该是牛顿的巨著《自然哲学的数学原理》。在这本书中，牛顿抛弃了他自己创造的微积分工具，只用欧几里得几何证明了他在经典力学中的所有结论。

但是，高斯和黎曼等人发现，事实上可以有其他形式的几何存在。只要不包括欧几里得几何的第五条平行公设，就可以存在其他数学逻辑上自洽的几何。这意味着欧几里得几何学不是唯一的真理——它只是模型。结果，新的相对主义形式出现并挑战了欧几里得几何作为经典系统唯一标准的地位——实际上它只是诸多可以描述自然世界的模型中的一个。描述地球表面的几何形状就可以不是欧几里得式几何的。"非欧几里得"变成了一个新的和相对真理的代名词，以至于人们不得不审视这样的相对真理是不是也会延伸到我们默认为正确的其他工具上。这甚至包括逻辑学本身，新的数学化的形式逻辑通过改变经典逻辑的公理系统表达方式，也可以创造出来平行于亚里士多德已定义的逻辑学而成为新的逻辑工具。

19 世纪初，挪威数学家阿贝尔（Henrik Abel）证明不同于 2 次、3 次或 4 次方程的情况，一般的 5 次方程不能通过任何方式精确求解。几年之后，在 1837 年，法国数学家皮埃尔·旺策尔（Pierre Wantzel）严格证明了仅仅通过使用直尺和圆规作图，不能把 60° 的角分成三等份。这些例子继续在各个角度暗示特定数学公理系统的局限性。

传统的经典数学观作为我们描述世界的一种方式，可以被其他的方式取代。我们逐渐认识到数学可以存在无限制的模式系统，因此我们可以定义无限数量的公理系统。其中一些模式可以在自然界中使用，大多数不是不可以，更多的时候只是不方便。作为数学系统的典型代表，欧几里得几何曾经很长时间内被认为是世界绝对真理的一部分，与现实有着独特的联系。但非欧几里得几何形状的发展和非标准逻辑意味着现在的数学存在只不过是逻辑自洽的，即不能证明 0 = 1 之类的矛盾命题，它不再是唯一的描述物质世界的工具。这让 19 世纪末的数学家有一种期待，既然可以延伸出这么多门类的数学系统，是否有一种公用的数学语言系统来描述这些数学系统，并且判定它们的有效性和有用性。这一门正确的真理性的描述数学的数学，我们称之为元数学。人们希望元数学可以脱离具体的公设从而成为一套完备的逻辑系统，一旦拥有了这套通用工具，我们之后的工作只需要注释来说明数学的某一分支中具体的公设和名词对应于元数学系统中的哪个符号，而元数学已有的论证系统会保证其证明的关系自然成立。

当时最伟大的数学家希尔伯特，通过对皮亚诺从 1882 年到 1899 年的工作分析，在 1899 年开始了一项系统的计划，即将数学的立足点置于正式的元数学公理化之上。这是希尔伯特说明数学的重点，"一个人必须能够准确陈述点、直线和平面的概念，就像我们可以明确知道桌子、椅子和酒杯这些概念"。他相信有可能确定公理数学的每个部分（以及整个数学）的基础都是坚实的，可以证明这些公理是自洽的，然后表明由此产生的陈述系统和由这些公理形成的推论是完备的和可判定的。

更确切地说，一个数学系统是自洽的：我们不能证明陈述 S 和它的否定陈述 $\tilde{S}$ 都是真的，即数学定理之间必须不能有矛盾。

一个数学系统是完备的：对于我们可以用数学系统所规定的名词和逻辑所形成的每个陈述语句 S 或者它的否定陈述 $\tilde{S}$，是可以证明其正确与否的。

希尔伯特对数学的形式主义观点是一个严密的推论网络，它要求数学体系内的定理之间有无可挑剔的逻辑联系，数学定理被定义为所有没有瑕疵的逻辑陈述的集合。希尔伯特着手完成了形式化数学，并相信它最终有可能会扩大到所有其他范围，包括物理学等所有科学，因为这些领域最终不过是某种应用数学可以涵盖的内容。他计划从比如算术这个最简单的、最符合人的直觉习惯的数学系统开始，先把它放在一组严格的公设基础上，按照他的规划，通过添加额外的公设来加强系统，在每一步确认系统的自洽性和完备性仍然存在，直到最终系统变得足够大而包含整个数学。

希尔伯特的计划基于牛顿时代之后科学界建立的充分自信：真理就在那，迟早会被我们认知，一切只是时间问题，所有数学都会在形式系统的架构中解决。正如希尔伯特的豪言壮语："Wir müssen wissen, Wir werden wissen。"（我们必须要知道，我们必然会知道。）

但是，希尔伯特的数学理想王国很快就被年轻的哥德尔颠覆了。

作为自己博士论文的一部分，哥德尔完成了对希尔伯特计划的早期步骤，证明了简单逻辑的自洽性（图灵后来表明它不是可判定的，即它不完备）。但他接下来的工作使他成为现代最伟大的逻辑学家。远非延伸希尔伯特的计划而是实现其关键目标——证明算术的完备性，哥德尔证明了只要数学系统稍稍复杂一点，足以包含算术的任何系统都必须是不完备和不可判定的。1930 年 9 月 7 日，哥德尔在 Königsberg（哥尼斯堡，希尔伯特的家乡）举行的会议上简要地宣布了他的结论，虽然似乎没有引起足够的轰动，但出席这次会议的冯·诺依曼意识到了他结论的重要性：哥德尔一举结束了希尔伯特对于终极数学的伟大蓝图。

乐观主义者和悲观主义者

哥德尔不完备定理展示了即使数学系统的理性也受到限制，这个结论很快影响了哲学家和科学家对世界和我们自身的看法。一些人声称它表明了所有人类关于世界万物的研究也必将受到限制。科学是基于数学的，数学无法发现所有真理，因此科学也无法发现所有真理。人们甚至悲观地认为哥德尔的工作使得数学的发展成为仅仅为了锻炼人类智力的游戏，如同数独或者棋类游戏，人们在其中自得其乐，并不断消耗过多的精力来满足所谓的好奇心。

这种悲观主义，与希尔伯特 1900 年向着数学家吹响的伟大号角截然不同。哥德尔的思想很快被同时代的数学家所了解,以至于很多人一度以为数学的结局是离开自然科学,成为人类认知和描述世界的工具,与语言和文学没什么明显界限:数学简直是一门人文学科。进一步而言,哥德尔不完备定理让数学家对数学的工具性追求都不能尽善尽美,这甚至与人的主观努力没有关系。数学家似乎要在这种如芒在背的痛苦下探索可能的创造性。

数学曾无可辩驳地、信誓旦旦地主张物理学是基于数学的,因此由于数学的不完备,物理学也将无法发现所有真实的东西。从 20 世纪开始,从量子力学开始,利用诸如矩阵运算等数学工具,利用概率对可观察量进行预测,物理理论已经构建了更复杂的版本。但还是有人会说,包括最直接的牛顿经典物理,不可判定性是常见自然现象,系统的不可判定性是已经自然存在的规则而不是新东西。

哥德尔不完备定理限制了我们理解宇宙所用的必要手段,它构成了我们研究自然时的基本障碍。因为似乎在哥德尔不完备定理的作用下,数学结构将永远嵌入更深层次的、以直觉的智慧和朦胧为特征的思维。对于物理学家来说这意味着要面对有限的确定性和准确性,即在物理学的纯粹思想和认知中也会有一个边界。这个边界的一个组成部分事实上就是作为研究者本人的科学家或者那个爱因斯坦不喜欢的海森堡不确定性原理。

在没有自洽工具的情况下,基本粒子的所有理论,包括夸克理论和大统一理论,本质上都可能缺乏足够的数学工具来描述那些凭借先验性直觉和实验观察所表现出来的矛盾，这也许涵盖了量子理论本身、暗物质和暗能量相关的研究。然而自然界只能是它的本来面目而已，自然界存在本身就是完备性的证据，即使我们所发展的数学理论碰巧在一定时间内对已知的物理现象能够准确地进行说明，但这也并不意味着我们可以获得永恒的真理。

但爱因斯坦还是说了，自然最神奇的地方是它可以被理解。

有趣的是，虽然不得不承认哥德尔限制了我们发现数学和科学真理的能力，但这也将确保科学可以永远持续下去。哥德尔证明纯数学世界取之不尽，用之不竭。没有有限的公设和规则推论可以涵盖整个数学，给定任何一组公设，我们总可以找到这组公设规定的系统内有意义但没有答案的数学问题。因此也需要不断扩展我们的认知来寻找新的答案。我希望类似的现实情况也存在于物质世界中。如果我对未来的看法是正确的，那就意味着物理学和天文学也是取之不尽，用之不竭的。无论我们走向未来多远，永远都会有新事物发生，新信息进入，新世界被探索，从而不断扩大人类的生活、意识和记忆。

科学界的乐观主义者把哥德尔不完备定理看作是科学研究永无止境的基本保障。他们将科学研究视为人类精神世界的重要组成部分。如果科学研究有哪些终极的方法可以彻底完成，那将对人类的精神世界产生灾难性的影响。与悲观主义者相比，乐观主义者将哥德尔解释为他确定了人类的思想无法全部知道自然的秘密，可能甚至是无法知道大部分的秘密。我们所认知的恐怕永远是自然的一小部分，未知的才是更大的部分。

　　哥德尔自己的观点倒有点让人出乎意料。他认为我们在看到数学和科学的真理时所依赖的直觉工具，有朝一日也会被新的工具来认知，从而成为像逻辑一样稳定的工具性知识。"我没有看到任何理由让我们对这种认知能力缺乏信心。数学直觉，不仅仅是猜想，它促使我们建立起物理理论，并让我们期望在不远的将来可以认识这些不可判定的直觉的来源。就今天而言，相信这些不能被判定的问题存在的合理性是有意义的，它们可能会在将来成为可判定问题。"

　　在物理研究实践中，哥德尔不完备会导致什么样的问题？我们已知的物理理论，几乎可以对各种各样的情况做出准确的预测并解释观察到的现象。几十年来物理学家所追求的"大统一模型"，有一天，我们可能会对它的无能为力感到惊讶，它不可能在它的框架内容纳它想统一的问题。

　　大统一理论致力于提供粒子物理中的统一理论。这些理论的早期版本有说中微子必须具有零质量的特性。现在，如果观察到中微子有质量非零的，那么我们就知道了新的情况不能适应我们原来的理论。我们会遇到某种不完备的情况，但我们可以通过延伸或回应它来修改理论以包括新的可能性。因此，在实践中，不完备看起来预示着理论上的不足。

　　一个同样有趣的问题是有限性问题，关于宇宙的体积是否有限以及自然的基本粒子（或者最基本的可能实体）数量有限或无穷大。宇宙的物理可能性是有限的，虽然数字上可以很大。但是，无论如何物理规律所指的原始数量的大小，只要它们是有限的，由此产生的相互关联系统将是有限的。我们应该强调这一点，虽然我们习惯性地认为空间和时间是连续的，这只是一个非常方便使用简单数学的假设。人们相信空间和时间是连续的，不是离散的；然而在最基本的微观层面，量子引力理论假设时空并不连续：它引入了时空的离散性。奇怪的是，如果我们放弃这种连续性，时空结构就会变得无限复杂，因为连续函数可以通过它们的值来定义有理数，但离散的时空却不能。毫无疑问，我们可以方便地使用已有的数学结构并使用无限的概念，但这可能是一个为了看起来方便而做的数学近似。

数学家阿尔弗雷德·塔尔斯基（Alfred Tarski）表明，与皮亚诺算术规则中所要求的加法和乘法不同，只有数学加法或乘法下的一阶理论是完备的。这是相当令人惊讶的，可能会给物理学理论带来一些希望，基于实数或复数和简单算法规则可以逃避理论的不可判定性。塔尔斯基也继续展示了许多在物理学中使用的数学系统，如晶格理论、投影几何、阿贝尔群理论是可判定的，而其他的数学系统，尤其是非阿贝尔群理论不是可判定的。尽管物理学家似乎很少考虑到这些结果对最终物理理论发展的影响，但我们不能完全排除一种可能性：深层结构宇宙可能植根于比算术更简单的逻辑，因此它是自然完备的。像我们前面讨论过的，底层结构包含可以只有加法或乘法但不是两者兼而有之构成的一个完备的算术体系。或者，利用现实的基本结构——几何变量的简单关系，或者来自"大于"或"更小"的简单关系——比较关系，或它们的微妙组合都可以保持系统上的完备。事实上，爱因斯坦的广义相对论取代了许多像力这样的物理概念，使用了曲面的时空结构，依赖于黎曼几何的相对简单的完备性，从而回避了代数所带来的更复杂的完备性问题。

还有另一个重要方面需要考虑。即使逻辑系统本身是可判定的，它也总是包含无法证实的"真理"。这依赖于选择哪些公设来定义系统。在公设被选中后，所有的逻辑系统能做的就是从中推断出结论。在简单的逻辑系统中，如皮亚诺算术，公设的合理性似乎相当明显，因为我们正在回溯和审视，从而形式化我们几千年来一直在直观地做的事情。物理学的公理或定律是物理研究的主要目标，它们绝不是直觉明显的，因为它们所影响的范畴可能远远超出我们经验的结果，这些规律在很多情况下是不可预测的。譬如涉及对称性的自发破缺，这个是杨振宁和李政道获得诺贝尔物理学奖的发现。它至少表明数学上的优美对称和数学所希望的自洽而完备，未必是自然界的样子，我们只能适应它，而不能用我们觉得好的工具来规范它。它也表明，从实验结果中推断出规律并不是我们通过逻辑推演或者数字计算等依赖于计算机程序的方法所能完成的事情。它需要人接受已有的自然事实，通过判断和适当的抽象得出易于理解的数学模型。

因此，我们在形式系统的研究中发现了一种完全不同于物理的科学。在数学和逻辑学中，我们首先定义一些公设和系统法则。然后，我们可能会尝试在维持其自洽性的前提下，从公设中推导出尽可能多的定理。在科学方面，我们不能自由地选择公设体系。我们正在努力寻找系统规则和公设，尝试用一个或多个公设最终可能产生我们看到的结果。正如我们之前强调的那样，我们希望总能找到一个系统，它将产生符合观察结果的规律。虽然这是一套被逻辑学家和数学家重视的无可辩驳的叙事方式——公设和演绎法则，但科学家更感兴趣的是发现而非简单假设。人类不止一次地希望出于某种原因只有一套可能的和合理的公理或物理定律。到目前为止，这似乎并不容易存在——即使这也是我们无法证明的。

物理学家对对称和美学有过执着的追求，尤其是理论物理学家希望在对称和美的要求下宇宙能够受极少数定理的约束，简单和对称的法则就能产生无限数量的高度复杂的形态。然而，不对称的状态似乎才是自然的本来面目——我们自己就是其中的一种，我们所生活的宇宙恐怕也是。因此，没有理由担心哥德尔的不完备定理会令人沮丧，我们依然会期待寻找自然法则的数学描述。自然的基本规律来源于弱作用力、强作用力、电磁力和引力，它们都是通过被称为局部规范的理论来维持特定的数学对称。随着这些力变得统一，涉及的对称性数量将减少，直到最终可能只有一个完美的对称性决定了自然法则的形式——一个解释一切的理论，其中超弦理论是可能的候选。自然法则应该在一个真正意义上"简单"和高度对称，但它是什么我们并不知道。最终的对称的理论应该足够丰富、拥有许多属性，这样才能容纳

所有的基本力的表现形式。没有理由说哥德尔不完备定理应该妨碍了
我们对这一切的追求，包含对控制自然法则的对称性的追求。但我们
依然要怀疑这种天生的对称性的正确，正如对称性也自然地发生了破
缺，还并没有更深层的理论来解释这种不对称。对于超弦理论，当今
的物理实验无法检验其真伪，这也给这个理论最终获得认可提出了致
命的问题。

　　每一次物理学的进步都伴随着新的数学工具的出现和使用。第一
次物理革命是力学革命，需要研究的物理现象是天体的运动。牛顿不
仅要发明他的万有引力理论，而且还要发明微积分这一套新的数学来
描写他的理论。第二次物理革命是广义相对论，爱因斯坦发现了第二
种场形态物质——引力波。他需要引入数学中的黎曼几何来描写这种
新物质。第三次物理革命是量子革命，这次革命揭示出，我们世界中
的真实存在，既不是粒子也不是波，但既是粒子又是波。这种莫名其
妙却又真实的存在，可以用量子力学来解释，而量子力学则是建立在
数学中的线性代数和群论的基础之上。

　　但最近二十年来，尤其是量子计算和量子信息的发展，加深了我
们对量子力学的认识。量子信息中所涉及的多体量子纠缠，正是我们
既说不出来，无法描述，又没有名字的新现象。人们因此正在发展一
套新的数学理论作为工具。

　　这次正在进行中的物理学新革命是非常深刻的。因为这次革命试
图用纠缠的量子信息来统一所有的物质、所有的基本粒子和所有的相

互作用，甚至时空本身。而凝聚态物理中的拓扑序、拓扑物态，以及量子计算中的拓扑量子计算，都是多体量子纠缠的应用。正是通过这些物理研究，我们发现了多体量子纠缠的重要性，并引入了长程量子纠缠这一相关概念。

完美主流的几何的眼光，并不一定是认识世界的正确方法。从量子革命以来，我们越来越意识到，我们的世界不是连续的，而是离散的。某种意义上，建立在几何思路之上的广义相对论、规范场论、量子场论太对称而完美了，以至于让我们误以为它抓住了宇宙的本质，误导了我们。

近代数学发展的也正是从连续到离散、从分析到代数的趋势，也提出了离散的代数是比连续的分析更本质的观点。20 世纪 60 年代由格罗滕迪克（Grothendieck）学派发展出来的代数几何理论正是这种思想的代表，代数几何可以看作是实现了连续和离散的统一的几何理论。这和物理学从经典到量子的发展对应。而实现统一的语言当然是代数的，这有可能是一个超越了集合论的、全新的数学语言，也是代数几何的基础语言：范畴学。在范畴学中，人们不再试图把物体分成更小更简单的基本构件，甚至不去考虑物体的内部结构，人们试图通过这个物体和其他所有物体的关系和作用，来了解这个物体。这些关系正代表了这个物体所有可能的性质，一个物体的所有可能性质，也就完全定义了这个物体本身。而物体这一抽象的概念，以及物体所有可能的性质，是由这一堆关系来定义的。这就是范畴学的精神。

　　我们可以通过一个有意思的问题把数学的可解问题和物理连接在一起。在狭义相对论中我们提到了"孪生子悖论"。假设两个双胞胎有不同的职业，弟弟留在地球上，而哥哥在一架太空船中以接近光速的速度飞走了。当他们最终重聚时，相对论预测哥哥会发现弟弟更老了。这对双胞胎在太空中经历了不同的职业生涯和时间，哥哥经历的加速和减速使他更为年轻。我们是否可以将计算机送到如此极端的旅程中以便完成当哥哥返回其出发地时，做无数次操作？如果哥哥可以充分加速他的宇宙飞船，他可以在自己的时钟上记录有限数量的宇宙历史，而他的双胞胎在他的时钟上记录了更长的时间。如果可以通信的话，他们是可以把 NP 不可解的问题的答案相互传递的。这时候弟弟可以在地球上建造一台够大的机器做足够的计算，然后通过发送信号来代替哥哥在他所在的飞船上的有限时间内的操作。哥哥需要解开一个利用大数分解加密的密码，他把这个问题发送给弟弟，弟弟用地球上的计算资源解开这个问题，需要 10 年，解出来之后，再把问题的答案发送给哥哥，由于哥哥的时间比较慢，所以事实上他不需要等待 10 年。同样的办法，面对一个超级计算任务，哥哥有可能通过直接搜索决定。图灵的不可计算的操作，甚至是一大部分停机问题，可以在一个有限的时间内转化成为一个查表的工作。这真的有可能吗？这样我们就做了一台相对论计算机。

这个计算机有一个小问题。在爱因斯坦的理论中没有信息传输的速度可以比光速更快，光和引力不可能变得任意强大。人们也不能任意地将时间延长，黑洞的"事件视界"保证了如果我们寄希望于无穷长的时间，一个拥有无穷长计算时间的机器并不能向黑洞外发送信息，计算结果我们还是拿不到。但这并不意味着所有相对论计算机都要被禁止。爱因斯坦时间的相对性是对所有观察者的要求，相对论计算机开辟了一些有趣的在有限时间内的任务新可能性。这似乎允许在某些时空，人们可以通过发送计算机直接搜索的结果来回避某些哥德尔不可判定问题，可以向计算输入端发送问题的答案。一个时空和另外一个时空的问题列表之间有一个简洁的一对一对应关系以及使参与者决定改变逻辑计算的复杂性。

对自然界物理规律而言，我们从未"看到"自然法则：它们是柏拉图式的表述，它们是我们对自然界观测的一种萌生于人脑并在科学共同体中达成共识的表达。但，我们可以声称我们见证了这些自然法则的结果。这是一个重要的区别，因为结果与作用于它们的规律不同。自然界不一定选择对称，正如哥德尔所指出的，语法无法完全代表语义，自然界的复杂性存在且不需要具备我们希望的完美和对称。这很幸运，因为如果它不是这样，我们不可能存在。如果自然法则要求完整的对称性就没有任何事情可以发生。19 世纪最让物理学家担心的一件事情是热寂，根据熵增加原理，宇宙最终演化到没有特殊的时间和地点的结构，没有方向不对称，任何时刻都没有发生任何事情，一切都是不变的、空洞的。

从芝诺开始，在许多方面古人受到无限的悖论的挑战。图灵关心哥德尔不完备的现实问题，思考是否有可能建立一个可以执行的"无限机器"，在有限的时间内完成无限的任务。当然，这个简单的问题需要一些澄清："可能""任务""数字""无限""有限"究竟是什么意思？牛顿力学则允许无限机器的存在，比如我们前面讲到的支在一个无穷大桌面上的无穷长的杆子，但相对论至少限制无限机器的功能，因为没有哪些信号可以以无限的速度行进。哥德尔不完备定理没有限制任何在物理学的整体范围内对自然规律的理解。物理学利用数学，大自然利用的东西可能比算术所用的东西更少、更简单。

在标准的实证论科学哲学看来，物理理论曾经毫无心理障碍地无偿居住在柏拉图式理想数学模型的天国中。人们相信，一个模型可以任意程度地详细，可以包含任意多量的信息，而不会影响它所描述的宇宙本身。但我们不是上帝，我们不能从外面观察宇宙。相反，我们和我们的模型两者都是我们所描述的宇宙中的组成部分，因此一个物理理论包括人类对我们生存的宇宙的认知都是自指的，就像哥德尔不完备定理所说的那样。人们因此可以认为它或者是不自洽的，或者是不完备的。这样说来，我们迄今所有的物理理论也可能既是不自洽也是不完备的。

总之，哥德尔不完备定理还是引发了探索数学逻辑和物理现实世界关系的新问题，它不应该证明我们寻求和探索自然的好奇心只是为了消耗我们多余的热情：哥德尔不完备定理并没有限制人类对问题和假设的探寻。

我们也应当注意这样一个事实：只有当我们知道机器运算规则自洽的时候，哥德尔论证才适用。但人类本身可能就是不自洽的，因此，不自洽的机器可能是人类思维的更合理的描述。牛津数学家戴维·卢卡斯说，尽管人类在某些情况下不自洽，但这与形式系统中的不自洽性并不相同。形式系统允许其内部的每个句子被判定真伪。然而，当人类得出矛盾的结论时，他们并不坚持这种矛盾，而是试图解决它。在这个意义上，人类是自我纠正的。自我修正机仍然会受到哥德尔论证的影响，但可以是一台根本不自洽的机器。

卢卡斯在总结自己的文章时指出人类思维的特征属性是走出有限系统公设的能力。他认为，思想并不局限于在一个形式系统中运作，它们可以在系统之间切换，不仅在推理系统中而且也在推理推理系统的事实。另一方面，机器是被限制在一个它们无法逃脱的形式系统中运作的，人工智能并没有超越这一点。因此，他认为，正是这种能力使人类思想本身与机器不同。对数学而言，自洽的要求是不能被放弃的, 因为不自洽的理论可以推导出任何结论。所以我们只好接受理论的不完备性。这对于科学界来说是个莫大的好处。

不管怎么说, 我们深刻地认识到了不完备带来的震撼。因为不完备的存在, 逻辑机器和建筑在它之上的人工智能算法只会成为完善我们知识体系的工具, 而不会带来超越我们所给出的有限假设所设定的新的认知。新的认知需要我们跟自然界接触, 认识到现有知识体系的局限。这局限体现在有一些问题即使我们知道是真实的, 但以现有的理论知识我们一样无法去证明它们。我们需要增加额外的假设, 来使现有的假设体系能够描述这一内容。但一旦这样做了, 我们马上又会面临新的困境。因为即使加入了一条新的假设, 它与原来的假设一起又是一个新的有限假设体系, 一样会在什么地方出现在这个体系内无法证明的命题。如果我们大胆地认为我们的描述是具有普适真理性质的, 那么我们立刻会遇到困境。

世界观和认知习惯的改变

在这本书里, 我们把牛顿影响下的思想方法体系叫作经典体系或牛顿体系。进入 20 世纪之后, 物理学和数学, 甚至哲学 (如果它还顽强地活着的话) , 都有了很大的变化, 我们姑且把它叫作现代体系或哥德尔体系。现在我们大致上处于从古典体系过渡到现代体系的中间，但如果你考虑哥德尔的话，即使这么说，都是有问题的。我们无法定义自己的现在是现在。它并没有结束，在可预测的明天也不会结束。我还是喜欢把自己看作是一名物理学工作者，骨子里觉得数学是人文科学。但我愿意把在 20 世纪产生的新思想体系的冠名的地位给哥德尔，而不是给我们的"老祖宗"牛顿，或者我的直系师祖们，虽然他们开创了量子力学的时代。而且在我的另外一本书《量子大唠嗑》里，我确实在强调量子力学改变了我们对人类认知的看法。

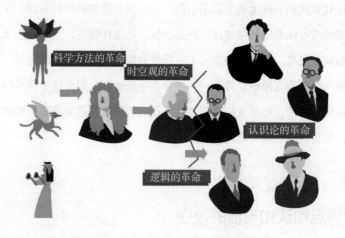

图 10-2　人类世界观和认知习惯的改变

　　牛顿体系影响下的典型产物是客观唯物主义。我们很多时候把科学和经典理性体系混淆在一起，认为科学就是经典理性体系。我们曾经问：科学是什么？或者科学的理论是什么？并且把它作为一种衡量的绝对标准来规定: 什么是科学的就高大上, 什么是不科学的就怪力乱神。当经典体系与我们主观经验不符的时候, 我们认为科学出了问题, 从而从老祖宗那里又找来证据来说明对科学的承认是对中国文化的否定, 又或者用科学的名词来似是而非地说明古代文化里的东西依然是不可撼动的真理。但我们如果重新审视科学的过程化本质, 相信科学本身是实践化的, 是以科学认知为体验的过程, 就不会把科学当作绝对真理的终点。

即使我不太喜欢"革命"这个词, 但它姑且代表着重大变化。从古代到牛顿, 人们找到并且稳定了系统的研究方法, 可以从中不断地寻找和优胜劣汰出比较扎实的知识, 而这些知识又进而成为寻找新知识的工具和手段。同时, 牛顿也建立了经典知识体系, 在这个经典体系中, 科学本身是客观的, 不以个人意志为转移的, 人们努力地排除任何主观性的直觉。牛顿建立了一个机械的宇宙观, 也构建了一个静止的宇宙。时空是一切的大舞台, 提供了宇宙间一切事物的背景, 所有事物的运动都可以以某种规律来描述。所有目标、对象, 都按照一定规律所描述的剧本来演出, 到时间上去, 扮演完自己的角色就退场, 然后变成其他角色, 或者其他角色的一部分。而这些规律本身是可以被了解的, 甚至可以通过合适的方法来预测。预测本身含有了时间的概念。这种预测指的不光是星球或者苹果, 甚至是人的思维, 那不过是一堆原子的运动而已。这就麻烦了, 难道我们真的没有自由意识? 包括我们的人生都是事先设计好的剧本? 人类的生老病死、悲欢离合，都是到时间就上演的剧本，是可以事先算得出来的？而容许发生这一切的宇宙，像是某个超自然的力量，事先准备好在那里的舞台。无穷大也无穷久远，静静地看着这一切的发生，这时候，自然便是上帝的化身。

爱因斯坦的第一个突破，在于发现了时空的相对性。时间和空间并不是一个静止的舞台。时间和空间跟物体的运动相关，而事实上，我们正生活在一个永不静止的宇宙中。从那著名的大爆炸之后，宇宙就一直在膨胀，而最近的实验数据证明，宇宙还是会继续膨胀下去的，而且越来越快。但就宇宙不是静止的这一观点，对深受经典物理影响的爱因斯坦而言，虽然他奠定了这个发现的基础，但一开始他并不相信。

爱因斯坦的第二个突破在于量子力学。在他的奇迹年——1905年，他做了另外一项工作。他阐明了光电效应，即光可以成为粒子，一颗一颗地跟电子相互作用来交换能量和动量，从而明确了光是量子化的。光作为量子，有粒子的特性，也有很容易被观察到的波动效应。这一开始并没有让人觉得很惊讶，但当它的波动性被解释为概率的时候，就真正触动了爱因斯坦的信仰。他不相信上帝是通过掷骰子来决定宇宙的运作的，他奠定了量子力学的基础，但他却不相信它。

伟大的时代有伟大的人同行，是上帝给伟大的人的恩惠和眷顾，要不，他们就太孤独了。

哥德尔事实上改变了人类认知的习惯。

　　哥德尔的工作在于他打碎了自亚里士多德以来人类努力建立的完美理性框架。这个框架从古希腊发端，到牛顿之后的三百多年中的一系列光辉熠熠的人物，他们把经典理论完善成更深层次的信仰。世界是可以被认识的，应该有一套切实可信的方法，人类需要不断地发掘真理并验证它们。世界的运行不需要有更多的人为因素参与，世界的规律是客观的，即使当下的现实经验有些许不客观，但终有一天会客观的。哥德尔，以优美但并不简洁，但与他同层次的数学家相比已经足够简洁的方式证明了，这不可能。

　　他实际上告诉了我们，不会有一个机器，基于我们所希望的理性，自己去完成对真理的探索。对未来的人类而言，这当然是安全的保障。他也告诉我们，对于人类思维和直觉，我们还有太多东西未知，我们甚至不可能把人类的直觉移出知识本身。这事实上颠覆了我们对客观真理的信仰。这信仰从亚里士多德开始至牛顿到爱因斯坦，已经存在两千三百年了！

　　但是爱因斯坦跟哥德尔却是莫逆之交，他们是彼此精神上几乎唯一可以互相交流的伙伴。即使哥德尔本人也还是认为自己是柏拉图主义者，这跟爱因斯坦是一路的。他俩都相信有个客观存在，而这个客观存在无疑是可以跟超自然力量对应的，不管他是否像人一样是实体思维者。而哥德尔也曾认真地证明过上帝的存在。

　　那后面还有一堆人，普朗克、德布罗意、玻尔、薛定谔、狄拉克、海森堡、弗兰克，等等。量子力学是现代工业的产物，并不是某一个人的天才杰作，恐怕也是因为它离我们太近而没法用一两个人名来概括。量子力学对人类认知本质的影响正在扩散，一开始我们以为它只是描述微观世界的理论，但它的影响很快扩展到了非微观世界。我们希望将微观世界与已经认识的宏观世界兼容起来，但发现这并不容易。量子力学告诉我们，我们追求的客观从物理的角度讲可能是不存在的，观察者不得不成为体系的一部分。量子的随机是真的随机，不存在深层次的理论来决定它，或者预测它。甚至是我们经典逻辑观所依赖的因果关系，在一定的实验设计下也会被打破。

旧的世界被颠覆，新的还没有建立起来，今天，我们所面对的是一个新大陆出现在地平线上。但敌人的敌人未必是你的朋友，经典体系的崩塌并不意味着旧世界的复辟。经典体系毕竟留下了稳定的方法，这方法让它的拥有者无所畏惧。挣脱了经典枷锁的人类会更自由，但经典体系为人类提供了迄今为止最好的工具。

当人们追求绝对真理的时候，实际上就已经偏离了追求真理的正确道路，其结果是，发现绝对真理这件事情本身就是悖论，因此我们退而求其次，只求方法的靠谱和在限定前提下得出相对可靠的结论，并随时准备推翻它。

我本来想写《量子大唠嗑》的注释版，至少很多朋友希望我这样做，因为那本书读起来，尤其是第二部分确实有些艰难。难怪乎我所训练的东西，用通常的语言来描述它本来就是不适合的。1900 年后，数学界和物理学界开始了一种有意思的运动，尽量减少用自然语言而用数学来表述物理内容。但这时数学工具已然艰深了很多，但没办法，准确地了解一个行业的知识不再是由门外汉稍加努力就能获得的。然而知识的进步，也绝不是独门秘籍，不可以传授。它就很无辜地待在那儿，简单的直白的不知道怎么形容其高深。既然工具不完善，而观测结果本身也随着我们选择的工具变化。我们事实上缺乏或者不能找到放之四海而皆准的标准和手段，就只能采取务实主义的态度，"哪怕它真理无穷，进一寸有一寸的欢喜"。胡适的老师杜威没有某部鸿篇巨制来描述他的核心思想，因为务实主义的思想琐碎繁杂地渗透在字里行间的每一句话里。我们仔细来看，这更符合我们的真实经验。事情并不是总能提纲挈领、头头是道、井井有条的，大多数时候是纷繁复杂的。但这之下也有潜在的思想脉络，找到这些脉络，验证并使用它们，往往能起到积跬步以至千里的效果。我们在每一件事情中都这么做的时候，就可以获得这样一种经验，我们可以逐项地去优化和改进，一点一点来。以日拱一卒的精神，一点点迭代，最终获得长足的进步。

第十一章

创新和突破

　　小孩子们很喜欢玩脑筋急转弯，谜底也都有道理，只是我们平常不那么想。人的思维本来是发散的，人类的语言也可以无限诠释，但为了沟通方便我们逐渐训练彼此用习惯的方式来构成常识。这些常识在帮助我们学习新的知识的时候也会束缚我们的想象。哥德尔提示我们，找到这些常识的不自洽，跳出习以为常，自然就创新了。

你有近似的答案或者可能的信仰，以及对不同事物不同程度的确定性，但你对任何事都没有百分百的确信。总的来说，直到四岁左右你都是自由的。然后你去语言学校，然后被人引导着进入某个领域。你失去了你曾有的独立。如果有足够的课程，你可以保留一些……然后你带着一种近乎良好的感觉每天工作 8 小时，就像你在做什么大事一样。然后你结婚了，如同结婚是一场胜利，接下来你有孩子，仿佛孩子也是一个胜利……婚姻，分娩，孩子，这是人们必须要做的事情，因为没有别的事可做。没有荣耀，没有烟雾，没有火花，非常非常平淡……你就像毫无选择一样陷入了一种你"应该"成为什么样人的局限之中。你终于被模型化并融入了你应该成为的样子。我不喜欢这样。

——查尔斯·布可夫斯基（Charles Bukowski）

每个人都会正义化自己的选择。我做过最引以为傲的职业是一个物理学家，或者说是一名物理学工作者。就物理学者的信仰而言，我相信世界是物质的，不存在超乎检验的灵魂和力量。在人的思维或人类的智能方面，我相信无论它看起来多么神奇，都还是可以回溯到物质本身的。然后我们就进入一个投机取巧的推理逻辑。既然我们从今天的数学和物理的角度都不能够完全解释人类智能，哪怕是低级一点动物智能的起源，那么我们就把不懂的东西归于一类，用不懂的东西来解释不懂的东西，给出一个既然不是这个，那就极有可能是那个的近乎敷衍的答案。这样说不是完全没有根据。人跟人在一起面对面沟通的时候，哪些东西是不能被经典信息数字化的呢？声音可以数字化，图像可以数字化，我们用虚拟现实、远程会议总可以把这些实际测量出来的物理参数数字化，再通过合适的介质储存、传递，即便是人的动作和表情，包括眨眼、脸上肌肉的颤动，以及环境的温度、气味，它们到底有什么不同？这个问题无法回答。因为一旦可以回答，它就是可以描述的，一旦可以描述，那么图灵机就可以把它变成一个图灵机可以运算的算法。但我们知道，这些算法不能描述所有的事实。同样的逻辑应用于我们所说的感情、创造力，我们不知道它们的细节和源泉，一旦知道了，就可以把它们算法化，让它们成为一段代码。我们事实上又知道这些事情真实存在，我们一点一点地认知它们，但总有一部分是我们通过直觉可以感知，却无法描述的。这是哥德尔不完备定理告诉我们的，也是第一个基于图灵机的人工智能和我们之间无法逾越的障碍。另外一个障碍来自哥德尔所提出的计算复杂性的问题，有些算法可以描述，但不能被有效计算。当然，通过算法的优化和计算能力的提升，把一些判定性问题转化为概率问题，这样会有些改善，但是否意味着可以被最终等效，复杂的问题是不是仅仅是时间问题？我们并不知道。

那么，我们的创造力来源于量子力学吗？如果我们假设人脑是一台量子计算机，这可能会给我们一些有意思的猜想。

第一，量子可能赋予我们跨越哥德尔不完备定理所限制的寻找有限系统外假设的能力。因为量子力学并不拘泥于经典逻辑，它即使也受哥德尔不完备定理的影响，这其中的影响方式也是与经典逻辑完全不同的。我们知道，量子力学也许是完备的而不是经典意义上自洽的。这给了突破经典意义上的有限公设范围之内进行讨论的可能。它可以不断与环境相互作用而获得新的假设，因为它是事实上完备的。

第二，基于长程关联的联想能力。量子现象允许量子体系具有长程关联的能力，虽然这更像是一个名词的借用。因为还没有任何实质的证据能够证明在人体这么高的温度下，量子关联还能奏效。但脑的神经突触数量巨大，是不是可以让即使很短的长程关联也有了规模化发生的可能？

第三，基于超越 NP 不可解问题的直觉判断能力。人会面对诸多的选择，这些选择的下一步所叠加出来的选择，构成了一个复杂的选择网络。描述它最简单的模型是二叉树。在一个复杂的网络中寻找答案，从经典计算复杂度来看是一个 NP 不可解问题。如同我们在上一章所讲，量子随机行走可以使计算时间大大减少，从而看起来答案像是从天上掉下来的，这构成了我们所说的直觉。通过量子随机行走人们可以毫不费劲地遍历所有可能而直奔合理的解决方案。《超级玛丽》是一个 NP 不可解的电脑游戏，它的很多步骤都要做不同性质的选择。依据类似的经验，在实际的动手经验中，例如加工一个金属工件的每一步的选择，虽然是基于经验的，但这些经验的积累和选择，是要通过直觉才能实现的。为什么这样做，为什么不那么做，为什么用这么大力气而不用那么大力气，有经验的金工师傅可以很快地做出每一个阶段最佳的选择而迅速地完成加工任务。遍历所有可能并做出比照优劣的判断需要大量样本来做尝试，很多情形下这并不现实，也不发生在人做出这一系列动作的过程中。

第四，基于理想随机数的直觉感知能力。人的思维有些时候会跳跃，会基于更多生活经历而给出直觉的判断。有时候这些直觉的判断随意而任性，我们没有十足的证据能够说明这样的随意和任性带来了人类思维相对于图灵机的优势，但至少是带来了不同。

我内心深处希望这些猜想是真的。我至少不希望有一天我们扮演上帝，造出来远超过我们自身思维能力的"事物"。因为这个"事物"一旦被造出来，它便不会受任何人类的钳制。我深信那里一定有某种机制，限制了我们扮演上帝的能力，不是规则，因为规则一定会有因为不完备而导致的漏洞，那一定是因为物理规律本身，尽管我们还没有充分地认识它。

如果人可以还原为一大堆原子，那我也宁可相信人的大脑是量子计算机。由于我们对于量子力学的基础问题尚未明了，基于量子计算而做一个像人脑一样的计算工具恐怕未必是件容易的事情，这中间可能还有尚未知晓的困难，比如量子的退相干效应会让量子系统在达到一定尺寸的时候坍塌。当量子比特越来越多的时候，为了维持稳定的量子干涉系统，实验系统的复杂性会呈几何级数的增加。这恐怕不能把实验现象和实验手段分割开，它们也许就是一致的，无论怎样努力，我们最终被制约在量子退相干机制里。这与我们如何努力地提高实验能力无关，量子不确定性决定了我们对认知的困难，这样的事情是否也会发生在我们构架量子计算机的过程中？

贴了标签的人生

你从哪里来？你是干什么的？我们往往喜欢这样给一个人贴上标签。但这个问题是越来越难回答了。

我出生于山西太行山下的一个小镇医院，祖上一定要说是马氏正根儿。两岁时跟父母迁到太原，上大学时第一次离开山西。从在北大待的时间来说算是北大"土著"，而且是学核物理的"土著"。读完大学到了牛津，然后是在杜伦大学待了半年，华盛顿大学待了两年，加州大学伯克利分校待了两年，芝加哥大学待了一年。工作单位曾在上海，后来长住北京，人生这么颠沛流离，很难说我从哪里来。而生活中也有越来越多的人像我这样，因为生活的选择，读书、工作，颠沛流离地不停搬家。

至于我是干什么的，也是个很难很难回答的问题。我们习惯给人贴上个标签，这可能是经典的理性主义，分了类冠上名字就好理解了，可实际上我也不知道自己应该算作干什么的。

我到大学毕业时体育都基本没及过格，到牛津以后因同学院同学的鼓励而上了贼船，划了赛艇，在牛津的伊河第一次体会到了竞技体育的乐趣。很小的时候我喜欢出风头上舞台，后来不知怎么特别不喜欢当着众人前讲话，但在读研究生之后我开始尝试做话剧。从牛津大学的《雷雨》到加州大学伯克利分校的《不是犀牛也不是海鸥》，从演员到导演，我被叫作马导的历史远早于后来在中国科学院当博导。

很多人都说一辈子要横穿一次美国，从华盛顿到旧金山，我就那么开着车横穿了一次。但我这么能写字的主儿，居然过了这么多年都没有写过关于那次公路旅行的游记，哪怕是一个字，也不曾贴过一张照片。也许是因为可以写的东西太多，所以干脆把它当作经历和体验，放在脑子里，不啰里啰唆。总之，我似乎干什么都不那么专业，被同行的专家们诟病，本来少年得志，非要不混主流，把才华浪费着玩儿。

但我想这就是像我这样的人的人生，劳什子听他贴什么标签。

现代医学真是让终身职业成了少数人的选择，那么难！在 100 年前，人的平均寿命才 40 岁，一个人花 20 年读个书，花 10 年卖书袋子，再有 10 年倚老卖老，就该死了。所以一辈子从事一个职业一点都不难，成为通才的大师也不难，反正知识就那么多。但那不是我想要的生活。我在邻家乖孩子式的教育下，早早把家长和人民的希望和嘱托完成了，30 岁成了世界第一的研究机构的物理学教授（从 SCI，即美国《科学引文索引》的评价标准来说，中国科学院真的是世界第一了）。再往后仰之弥高，钻之弥坚，穷经白首做个院士，然后执杖乡里，指指点点让年轻人叫自己师祖，看起来实在太遥远。于是我胆怯了，做了逃兵。

然而，于我的家国情怀，我不仅没有做成逃兵，而且迎头上来了。有时候家国情怀不是自愿的，是它找来的。我开始担心这个国家会陷入"中等收入陷阱"，于是我五脊六兽地开始找点事情来做。面对这些急迫的问题，我那些关于科学的理想似乎可以放一放。于是我"半路出家"做了布道者，为中国制造业升级积极想办法。我一路自己给自己解压，一个像我这样"不务正业"的人，在目前这个人生的阶段，能为这家国做的事情暂且就只这么多了，"日拱一卒"看起来是孜孜不倦的勤奋，其实是偷懒，本来可以一天走两步，拱两卒的，但偏偏拱完这一卒就想休息去了，等明天再来。我还有很多别的事情做，我是个务实主义者，我不会为理想抛头颅洒热血、毁家纾难。我打着小算盘的同时顺便做点和大道理相关的事情。也许过个十几年我的小事情做得差不多了，可以回头再把今时今日的事情再做一遍，但而今，在今时今日的努力中，我尽力了，不能要求我更多，the less is more（少即是多）。

我看到的很多人，现在做的事情与少年时初心并不一致，一致的反而凤毛麟角。如果现在一个十六七岁的少年跟我坐在咖啡馆聊天，他对我指手画脚地说你该干这个、不该干那个，你这辈子要是干这个了就会活得很失败，会违背初心，我恐怕难以抑制扇他耳光的冲动。但如果时光穿梭，那个孩子不就是少年的我吗？十几岁的自己见识那么少，为什么要决定我现在该干什么不该干什么呢？你会因为一个涉世未深对未来有无穷幻想的少年的执拗而评判自己人生的真实体验吗？

功不唐捐，你说这是巧合也好，对未知的探索也好，把内心执拗的东西说成是坚守初心，更多的是翻过了山丘的人对自己碰上的事情的解释，将自己的选择正义化的演义。真正的人生，永远是多变的、丰富的，而机会也许就在拐角处。当它来的时候，你能把握，而不被所谓的初心所羁绊，不亦乐乎。

在牛津读书的第一年，我补上了在北大物理学院没有学习到的金工实习和电路设计等手工技术，这些能力在我后来的研究中起到了重要作用。我从事的是超冷原子物理方向的研究，虽然做了些理论工作，但还是以实验为主。这个方向的实验对工程能力要求极高，需要从业者有很好的动手能力。电、力、热、软件、硬件、通信、成像、激光、真空、数据分析和物理，读研究生时几乎样样都要自己动手。博士毕业之后我的第一份工作是在美国国家标准与技术研究院（NIST），搭冷原子实验平台。后来到加州大学伯克利分校又做了一个博士后，又搭冷原子平台。再后来在中国科学院做教授，给"天宫四号"搭冷原子平台。事实上，现代物理实验中很多设备要自己亲自动手做才能发现和探索新知识。冷原子行业有一句老话，温度每降低一个数量级，就会发现一个完全不同的物理世界。为了这个目的，这个领域的科学工作者花了大量的时间和精力来研究机械的、电子的、激光的、软件的、硬件的各种工业界新技术，迅速应用到自己的实验中来获得新的结果。不仅这个领域如此，为了新发现，今天的物理学界也普遍如此。

在加州大学伯克利分校时我意识到视频数据的实时处理是一个值得深入研究的问题，于是我的研究兴趣逐渐转向了用人工智能技术来处理视频。这些年从事人工智能的工作，我了解越来越多的人工智能技术，就越对人的智能充满敬意，尤其是能够动手做东西的人类的创造力。在加州大学伯克利分校做博士后期间，我和同事们曾经试图在量子极限附近设计实验来了解"测量"的本质。因为只有几个光子可以被吸收，所以实验需要系统极其稳定和敏感。我花了几个月的时间推导设计了一个极其复杂的算法，可以在充满涨落和噪音的数据中找到潜在的线索。拿给合作导师看时，他说，我们是做物理实验的，好的工作是干净的数据，而不是复杂的数学模型。这让我想起来我大学两年里参与夏商周断代工程里的甲骨测年，用贝叶斯（Bayesian）统计法把武王伐纣定在了公元前 1046 年 1 月 21 早上 8 点。我对 play with numbers（拿数据调着玩）没有一点好感，多少受这些经历的影响。当贝叶斯统计又在深度学习中被广泛用到的时候，我们这些实验物理学家只能嘿嘿一笑。

在加州大学伯克利分校接下来的两年，我们都在花时间提升系统的测量精度，包括芯片刻蚀、在超低温条件下的单光子探测器和宽带超灵敏反馈电路等，这些都是要在实验室自己亲手做的，尤其是探测单光子所需要的超窄线宽的光学腔。这项技术，后来被用在了对引力波的探测上，所以那些伟大的工作中，有些角落是有我可以说一说的细节的。

老话说，纸上得来终觉浅，绝知此事要躬行。我一直不觉得我自己是个好的科学家，大概算个好的手工师傅，一个不差的物理学工作者。2009 年我在飞机上遇到李宗盛，聊天颇为投缘。他说他也是一个好的手工师傅，醉心于做吉他，而我觉得在金工房里做半导体激光的基座，甚至做一把木梳子，都实在是令人感到充实而有乐趣的事情。动脑动手做东西给人一种内心的满足和安静，这种心态对后来我在工作中每每遭遇不顺和挫折时所要有的平和心态的养成颇有益处。

这些训练和经验，让我对动手能力的训练情有独钟。很多时候，不，应该说所有时候，创造并不是灵光一现的，而是水到渠成的事。人生没有白走的路，每一步都算数。

所以正如《量子大唠嗑》中所讲，人有很多面，世界也有很多面，我们只能设定一个环境，描述这样的情境里人是什么样子，有什么标签，而未来的世界也是这样，每个人都在自己喜欢的事情里享受生活的意义，没有谁，在什么地方，被定义着生活。

问题导向的学习

牛津大学是比较少见的学院制。大学是学院的联盟，而大学的系更像是各个学院之间资源共享的平台。学者既属于某一科系，又属于某一学院，因此做学问研究也形成了两种体制。院系可以提供传统意义上的学科研究支持，它大致遵循了近代以来形成的学科分类习惯。更古老的研究方式为牛津大学的各个学院提供支撑，学院可以为学者提供研究资助，做学问的人并不需要明确自己属于哪个研究方向或分科。这样的制度允许学者更多地以兴趣或者题目为导向去做研究，并不局限于某一个学科领域，通常为了解决某个问题，不断穿梭于学科之间和了解既有的学问之外的知识来拓展所需要的工具。

1999 年牛津大学出版社出版了牛津大学纳菲尔德学院（Nuffield College）学者艾伦·戴维森（Alan Davidson）的《牛津吃货宝典》（*The Oxford Companion to Food*），这本书在一夜之间取得了巨大的成功，在全世界赢得了多个奖项和荣誉。这本书结合了严肃的食物历史、烹饪专业知识和偶然的趣味性，每一页都提供不同的视角。它囊括了滋养人类的食物的详尽目录，无论是热带森林的果实，西伯利亚花岗岩刮下的苔藓，还是动物眼球和生殖器。无论从文学角度还是烹饪菜谱的角度，这本书都极具参考价值。《牛津吃货宝典》掀起了人们对食物和食物历史的研究，作为一门新的学科，食物学在过去的二十多年中飞速成长。在国际学会、学术期刊和海量的文献中，全球各地学者广泛地探索人们日常生活中食物的意义。每年 3 月来自全世界的食物学学者都会聚集在牛津大学圣凯瑟琳学院（St Catharine College）开世界食物大会。会上的学术讨论不仅关注于食物和营养本身，而且几乎从每个与食物相关的角度来理解人类生活，无论是环境、政治、人文，还是市井生活、文化冲突或战争。这是个好的创新案例，食物学从艾伦·戴维森的个人兴趣发展成一门严肃的学科。回顾历史，哪一门学科在开始的时候就能归纳于某一门类的问题呢？这本身就是个有关因果的悖论，如果每一个学科都有学科作为其归类，那么它们是怎么开始的呢? 可见, 一直回溯到经典逻辑的第四条充分必然条件, 都要求我们无中生有地创造, 这是不切实际的, 真实的学科发展必然像古埃及的太阳虫, 这里滚一点, 那里滚一点了。

新工程教育

写这本书的一个深邃的目的, 隐藏在这里。自从做了物理学教授, 我就越来越觉得工程的重要。这些年稍稍离开学术界而深入产业界, 一手一脚地做点实际的事情, 就更加觉得工程能力的有用性。然而我们这些年的教育忽略了对工程人员的培养, 风雨欲来的人工智能又叫喊着用机器取代人。我深深地觉得我们应该去找到人类与机器的差别, 至少它应该影响我们今天的教育内容。谁都不想我们今天教给孩子们的技能, 十几二十年后他们长大了才发现机器做得比他们要好得多。这样的例子屡见不鲜, 我小时候学过算盘, 邮局有电报员, 印刷厂有专门的排字工…… 我凭着直觉感到, 在车间伴随着时时思考并探索和尝试的动手能力, 力学的、电学的、材料的, 是无法轻易被机器取代的, 相反, 坐办公室的工作, 却很容易被机器取代。我一直没有找到好的证明, 直到有一天, 跟我的导师基思·伯内特(Keith Burnett)先生聊起未来的工厂所应该营造的气氛。人们希望能够在未来工厂营造一种游戏的氛围, 让年轻人以打游戏通关的心态从事创造性的工作。未来工厂也像今天的苹果公司的销售门店一样，窗明几净，有计算机设计终端，也有满地走的机器人。在这个生产场景里，人们试图创造的每一个工件甚至执行的每一个步骤，都是一个多选择的过程。这时人脑又像极了很多选择网络上行走的量子随机行走，经典计算不能够代替人类做出复杂决策，或者说至少不能像人脑一样可以有效地做出截断的判断。但说到了游戏，《超级玛丽》和《魂斗罗》都是经典的 NP 不可解问题。如果零件制作和工程师的创造行为可以用游戏化的方式来进行，那恰恰也可能是一种类似的 NP 不可解问题，这一代的计算机无法有效胜任的工作。人工智能催化的以数字产业为主的知识研发目前还很难覆盖手工业。除了机器人制造能力的限制，其中的主要原因可能会有其他更深层次的。比如，涉及基于大量操作经验而形成的直觉，这是目前人工智能很难与人进行比照的方向。因此，在制造业中，高级技术工人在工作过程中，所具有的结合数字化和制造业流程本身特点的技能，在人工智能时代会显得尤为重要。这就需要制造型人才不仅要懂得人工智能的计算机技术，也要懂得工业生产流程中的具体情况。

　　传统工程教育强调对学生进行基于学科知识的能力训练，体现出工程教育活动组织与开展的学科逻辑。由于学科逻辑过于强调学生对工程学科知识的掌握以及学生认知能力的训练，因此传统工程教育容易造成工程教育活动的开展而忽视学生个体身心发展规律，忽视学生工程实践经验构建以及工程实践中学生的组织和沟通能力的培养。

基于这些考量，麻省理工学院从 2017 年开始开展的新工程教育改革采取了整合学科逻辑与心理逻辑的策略。整合的路径体现为以研究具体问题的课题项目为线索，围绕现代产业的实践和研究方法，构建机械、材料和系统科学的跨学科内容。每个课题为学生提供了前所未有的机会，让他们沉浸在跨越学科的研究项目中，同时获得所选专业的学位。新工程教育的教学方式发生了变革，强调以学生为本，关注学生的学习方式和学习内容，把学生真正置于工程教育活动的中心。不仅重视知识的获取，而且重视应用知识的能力。项目是学习制造、发现、系统和创造力的主要工具，它有助于促进学生从团队技能到人际关系技能再到领导能力的提升。在开展教学活动时，学校通过充分考量学生个体的认知风格、学习方式等方面的差异，选择最适合学生个体发展的学习方式，引导学生积极参与，激发学生的主动探究与自学能力，采取项目学习、小组学习、团队合作、信息化教学、智慧学习等手段，为学生成为引领未来工程发展的领导者奠定基础。

人工智能对生产效率的提高会使得产业界更加注重工程人才的学习能力和思维等方面的表现，原来强调以知识习得为重心的教育体系将会受到挑战。新工程教育应更注重对学生思维的培养，从而让学生在工程实践中面临各种未知与复杂问题时能够运用恰当的思维去思考、解决问题。麻省理工学院提出新工程人才应具备 12 种思维和能力：

1. 学习如何学习（Learning how to learn）：学生利用一定的认知方法主动思考和学习。

2. 制造（Making）：新工程人才发现和创造出新事物的能力。

3. 发现（Discovering）：一种通过采取探究、验证等方式促进社会及世界知识更新，并能产生新的根本性的发现和技术的能力。

4. 人际交往技能（Interpersonal skills）：一种能够与他人合作并理解他人的能力，包含沟通、倾听、对话、参与和领导团队的工作等。

5. 个人技能与态度（Personal skills and attitudes）：包含主动、有判断力、有决策力、有责任感、有行动力以及灵活、自信、遵守道德、保持正直、能终身学习等品质。

6. 创造性思维（Creative thinking）：一种通过深入思考，能够提出和形成新的、有价值主张的思维。

7. 系统性思维（Systems thinking）：在面对复杂的、混沌的、同质的、异质的系统时，学生能够进行综合性、全局性的思考。

8. 批判与元认知思维（Critical and metacognitive thinking）：一种能够对经由观察、体验、交流等方式所收集到的信息进行分析与判断，以评估其价值及正确度的思维。

9. 分析性思维（Analytical thinking）：一种能够对事实、问题进行分解，运用理论、模型、数理分析，明确因果关系并预测结果的思维。

10. 计算性思维（Computational thinking）：一种能够把基础性的计算程序（例如抽象、建模等）以及数据结构、运算法则等用于对物理、生物及社会系统的理解的思维。

11. 实验性思维（Experimental thinking）：一种能够开展实验获取数据的思维，包含选择测评方法、程序、建模及验证假设等内容。

12. 人本主义思维（Humanistic thinking）：学生能够形成并运用对人类社会及其传统、制度和艺术表达方式的理解，掌握人类文化、人文思想和社会政治经济制度的知识。

通过教育，人类掌握了各种工具。以语言为例，它是我们表达自己的工具，没有它们，我们无法表达自己，无法与人沟通，但掌握了它们，它们就有可能成了限制我们思维的条条框框。哥德尔不完备定理无处不在，跳出有限假设的范畴便是创新。小时候就没有这些条条框框。有人说人在小时候是天才的，受教育了才成了庸才，但没有这些教育，即使有天才的想法也无法被察觉或者被记录，或组织合理的实验来验证这些想法，那些异想天开也就永远成为异想天开。我们只是要在掌握这些条条框框之后时刻提醒自己，这些武器也是我们的枷锁。这是实战的经验：我们辅导孩子功课的时候，他们总想到盒子外面，我们总要拿着小鞭子把他们抓回来。抓啊抓啊，他们就习惯了我们的思维方式，知道了我们想让他们知道什么。直到我们和孩子可以顺畅沟通了，他们也习惯了不往盒子外面想。等他们长大了，我们又要不断地教导他们要创新，要往盒子外面想。困难在于怎么保持这两者的兼顾，盒子里面的是理性，或者说我们总能把它梳理成理性，但理性不足以构成一个完整的人，也不足以构成完整的知识体系。

图 11-1　创新：Think out of the box

突破常规而有所创新说起来也不难，但用到自己身上很难。我们承认和鼓励"不同"，但也尊重先验工具本身，知道它的工具和枷锁的双重性。当我们比较了人工智能和人的根本区别，也比较了经典系统和量子力学所预示的系统之间的差别，我们发现人类社会的发展趋势是我们不再那么需要服从纪律的劳动力，这些劳动力可以轻易地被机器人取代。相反，社会对人的科学素养和人文底蕴要求越来越高。这包括人对世界的认知能力和人与人之间的沟通能力，也包括人对自身的感悟能力。社会需要的是具有创造力、充满好奇心并能自我引导的终身学习者，需要他们有能力提出新颖的想法并付诸实施。

我们所设计的教育常常忽视人与人之间异常美妙的多样性与细微的差别，而正是这些多样性的细微差别让人们在智力、想象力和天赋方面各不相同。本来人的思维是自由的、可创造的、可沟通的，我们的教育系统的终极目标居然是把人训练成人工智能，而我们的教育考核指标在这个逻辑下就是给人工智能准备的。

远古人类未尝不是在个性化的生产中成了全能的设计师。为了适应不稳定的生存环境，人类必须拥有非常全面的生存能力和经验储备，才能够随机应变地躲避危险，获得食物求得生存。为此，人类在成长过程中，需要通过全面的训练来获得独当一面的生存技能。人类的生活丰富多彩，他们每天都可以接触不同的新鲜事物，还能发展和运用不同技能。那时候的人生活在多元的环境里，利用不同技能来应对新挑战。

工业革命先把人类限制在固定的土地和固定的工作场所，人们更多地从事以体力劳动为主的重复劳动，成为标准的劳动力而非知识和信息的生产者。专业化成了准则和理所当然的"圣经"。不管是学校教育还是后来的职业发展，我们都在努力让自己变得越来越专业化，以便成为一个庞大产业链中的螺丝钉。这完全符合经典科学对世界的设计，人也不过是一个精密设备上的某一个零件，只要他们能够按照大设计来完成自己被分配的工作，那么整个社会作为一个庞大的机器就可以稳步运作。当然这是一种伟大而单调的构想，它割裂了人作为复杂的、交互的、开放的系统对环境的需求，而这种需求是不确定的、不可规划的和多变的。从经典理性的割裂中能推演出对人生命的漠然，"人"作为劳动力，不过是可以被取代的生产资料中的一部分。

在这个结构中，资本是最重要的生产要素，只要有大量资本就能购买土地和工厂，雇用大量工人，通过规模效益获得巨大利润。企业培养出了一大批优秀的职业经理人，他们是时代的精英，用自己专业的管理知识为企业主服务，创造了巨大的价值。这种经典理性所分析出来的社会结构会引起另外一个危险的思维结论：一旦用更有生产能力的"生产者"——机器人来做这些重复性的螺丝钉式的工作，人就一无是处，最终成为机器的奴隶，被淘汰出局。要找到一些自动化成功取代人的例子并不难，事实上，在后工业化国家里，这样的事情正在大规模发生。当我们在说人工智能挤压人类的工作机会，大多数人会因为机器人的普遍应用而失业时，我们回看历史，就会知道，这其实是在用一种静止的、不发展的眼光来看问题。在工业革命早期就发生了农业生产效率大幅度提高，农业人口大量失业，不需要那么多人从事农业生产保证食物供应的现象。而这不是对人的机会的抢夺，是农业人口向工业人口转化，促进社会工业化生产发展的一大进步，因而创造了今天的现代文明。

随着理性认知的技术能逐渐模拟人的技能，人的感性认知的思维技能相对而言也可能变得更有价值。计算机更擅长有限假设下的数学推演，而人的洞察力始于提出一些重要的新问题。质疑机器的行动和决策，对认识到使用它们是来解放我们而非约束我们是至关重要的。人被机器人从工厂里撵出来之后，会发掘更多可以做的事情，如从事更加丰富的个性化设计。相比使用认知技术的狭义自动化任务，诸如批判性思维、通用问题解决能力、对不明确事物的容忍度以及智谋等能实现广义任务的技能和品质都会变得更有价值。产品设计、服务、娱乐，或者构建使人感到满意的环境等工作都不会在短期内被计算机取代。

对于未来人和人工智能的分工，就要从今天的教育起步。制造业发展所需的人的智能若要超越今天的人工智能技术，从根本上讲，需要创新技术工人的培养方式，让他们有终身学习的习惯，提升他们终身学习的能力，同时加强语言和数学的基础教育，增加历史和物理的方法教育，在此之上构建职业教育的具体方向。语言教育保证未来人与人之间沟通能力的基础，而数学的教育则是人和人工智能之间沟通能力的保证。加强物理学和历史的教育会让未来人从大量的经验中吸取思维方法，建立正确的历史观和世界观，以此为基础，适应高速发展的社会变革。

知识生产也是生产，人工智能技术的应用会大幅度提高知识生产的效率。根据目前信息技术发展水平来看，软件业的开源风气也会蔓延到制造业各个领域，从而推动整个制造业的发展。开源学习平台具有允许公众使用、复制和修改源代码的性能，并具有更新速度快、拓展性强等特点，因而能够大幅度降低企业开发和客户购买的成本。开源深度学习平台成为推进人工智能技术发展的重要动力。它在企业被广泛应用，帮助企业快速搭建深度学习技术开发环境，并促使自身技术的加速迭代与成熟，最终实现产品的应用落地。

人工智能开源软件框架具有统一性和标准化的特征，其生态的核心就是通过使用者和贡献者之间的良好互动和规模化效应，在终端服务、产品的使用者和开发者三类用户之间形成具有现实意义的标准体系和产业生态，进而占据人工智能领域的主导地位。

将深度学习技术应用于药物临床前研究，可以快速、准确地挖掘和筛选合适的化合物或生物，从而达到缩短新药研发周期、降低新药研发成本、提高新药研发成功率的目的。人工智能助力寻找新材料的速度，优化工业生产流程，以软件的开源运动为开始，各个行业的知识共享正在形成一种新的趋势。这不同于传统意义上的专利和知识产权，可以被视为制造业行业中一股不可逆转的潮流，从而深刻的改变工业生产的生态。

而这一现象背后的隐忧反而是知识生产的过剩。在数据驱动的生产环境下，实际上大部分制造业企业已经无法像一两百年前工业革命早期那样进行专利的保护和独享。大多数制造业企业都在参与上下游分工，因此，就不得不对上下游和相关产业的技术有所了解。而这些新技术，90% 以上都是市场上已经成熟并且可以相对容易获得的技术。人工智能的应用无疑会让这种趋势变得更加明显。随着知识生产效率的提高，企业为保证技术的领先性和独占性会付出越来越高的代价，而当整个社会的企业都在从事可以大规模共享的技术研发时，就会对社会资源造成极大的浪费，从而导致知识生产的过剩。那么，怎样建立合理的生产流程和交易机制，将是未来依靠人工智能和信息技术驱动的制造业的新问题。

人类永远有能力在看似困境中找到出路,这也正是人类智慧超越机器智慧的表现。随着人工智能在各个行业的深入应用,会有更多的人在更轻松的环境下从事更为丰富多彩的工作,创造出更多我们今天无法想象的新事物和新机会。同样的,我们如果了解了人工智能的发展历史,知道这一次的浪潮前面有长期的积累和铺垫,也就不会为它的发展而感到恐慌,人类对技术的掌握总是让人获得更大的自由,从而有更多的时间和精力让工业 4.0 时代的社会生活回到以人为中心的本质上来。如果说数据是人类与人工智能沟通的新语言的话,对人工智能的了解不仅是未来数据科学家和工程师需要做的准备工作,也是各行各业从业者在工作中需要的日常积累。学校需要更加重视科学、技术、工程和数学教育,即使是基础教育和职业培训,也需要增加数据教育的内容。

真实的科学研究的过程是很少有转型跨越、灵光一现的事情的。它真的是慢慢往前走,在积累到量变发生质变的时间节点,在某个方向实现些许的小突破。就人工智能而言,我们不能说泡沫都是不好的,泡沫对科普有益。新事物炒作,新概念的萌发,总会让不少人有饭吃,而每个人都要让自己的选择正义化,在历史的沉浮与优胜劣汰中抢到最终的话语权。只停留在名词炒作上,未必能够促进科学的发展,相反,可能是一种巨大的阻碍。这种"杀君马者道旁儿"——在一个领域尚未成熟就被周边环境捧杀的案例我们看的也不少了。

　　科学从未停止对人类思维的探索。我们相信有一天人类能够了解自己，甚至可以模拟人类的思维而创造机械的思维，即人工智能。因为人工智能是研究如何利用计算机去完成过去只有人才能完成的智能工作，我们很自然地会将人工智能和人类在同样任务上的表现进行比较。的确，在某些特定任务上，计算机已经表现出了远超人类的能力。比如，19世纪70年代，手摇计算器在算术运算方面击败了人类。然而，在执行通用性任务时，如回答问题、感知以及医疗诊断，人工智能系统的能力变得越来越难以评估。我们以人类视觉的丰富感知为例来说明人工智能的局限性，我们知道，人类的视觉感知系统是非常复杂的，但是却能够在明确地感知前景与灵敏地捕获背景的过程中取得自然平衡。相比之下，机器的感知水平依然无法与之相提并论。

　　从认知的方式上来讲，人类的认知过程与我们现在谈论的人工智能是不一样的。经典逻辑不能突破哥德尔不完备定理，但是，人却具有这样的能力。人类有一种认识相对准确结论的直觉方法，这种方法与计算机式的方法不同，我们可以认知新的事物和了解新的问题，而不受哥德尔不完备定理的限制。就计算机的有限逻辑而导致的其内在不完备而言，人却从来不会受到这样的困扰，因为人天生具有突破有限逻辑的能力，也许这构成了我们通常意义上说的感性。这也许是我认为这一代人工智能无法超越人类思维的数学逻辑层面的本质原因。

　　但哥德尔所限定的有限逻辑，可能不限制量子力学的基本逻辑，人类的直觉也可能不受哥德尔不完备定理的限制，从这个角度来讲现在的计算机结构不太可能具有人脑的能力。当然，量子计算机基于量子逻辑，离实现还有些实际的困难，现阶段我们不能够简单预期。

量子信息的解释也许会渗入人类对认知的了解。如果大脑真的是量子化的工作，我会认为对人类而言这是一个好消息，我们用经典的图灵机的方法来开发的计算机会在很长时间内无法超越人脑。因此，我们也就不用担心人工智能控制人类。因此，量子计算有可能是未来更接近人类思维方式的人工智能的实现通路。但今天我们对量子力学的认识还非常有限，所以，在这个基础上构建一个具有计算功能的器件，还有一段很长的路要走。从这个角度来讲，机器人也很难会有类似于人脑的思维能力，也就不具有独立的学习和创新的能力。

由于人工智能是关于怎样表示知识、怎样获得知识并使用知识的科学领域，所以，对人工智能的了解，有助于人们认识人类自己。人工智能需要更多地反映我们自身智能的深度。如果我们脱离人类知识的进步而单纯讨论人工智能，我们只会得出一幅冷漠的图景——人工智能按照刻板的假想演进，而我们人类被抛弃。

基于现在对物理世界尤其是量子力学、脑科学，甚至是逻辑学的认识，我们距离开发一套有如人脑一样复杂的工作系统还有相当长的路要走。人工智能恐怕在未来三百年内还不会超越人脑。这个三百年的估计，不是凭空想象，而是源于我们对物理学进展的了解。我们知道，从牛顿经典力学到量子力学的诞生经过两百年，而量子力学发展到现在仅用了一百多年。当我们回顾科学发展的艰难历程，突然发现，人类所了解与所懂的之于自然，不过寥寥，甚至在缴械认输中，发现了自己的渺小。那么，问题似乎又回到了起点——也许，我们的基础研究手段可能存在问题。看过去的科学发展史，我们推算，大概还要这么长的时间才有可能在这个基础上了解和使用这些技术。三百年不是个太夸张的数字，三百年内，我们大可放心地去跟机器相处。

第十二章

不是结尾的结尾

北大有个湖，名字叫未名湖，意思是没起名字的湖。据说是燕京大学时期冰心起的，我对这个说法颇有些怀疑，很多成名的人喜欢把事情揽到自己身上。至此，读者至少应该感觉到了这个名字的智慧。正如有人要问我到底哪些事情是人工智能做不了的，我无法用语言说出答案。要记得，如果我可以把这样那样的事情一条一条列出来成为某种清晰的描述性陈述，图灵机就一定能够把这些描述性的陈述当作算法来实现，那么人工智能也因此可以去做同样的事情。因此看来，答案有，我们不能说。

如果鱼缸里的鱼能像我们一样有复杂一点的思维，它会不会想：鱼缸外的世界是什么样子呢？一切事物都因为球形的透镜而古怪地变形，那外面的人和物都是虚幻的吗？为什么我无法触及他们而他们又在那里走动呢？而隔开这个虚幻的和我可以触及的真实世界的东西，似乎是一堵看不见的墙，我能感受到它的存在，似乎它是那个变异了的世界和我身边这个看起来正常一点的世界之间的不可逾越的屏障。它是什么？我没法描述。

　　如果非要有牛顿定律的话，等等，可以先有伽利略。伽利略在讨论落体实验的时候，其实有一个当时尚未清楚的假设：空气阻力跟重力比较起来非常小，在物体速度不快的情况下，可以忽略。而正是由于空气阻力的存在，亚里士多德才猜想重的物体下落速度快，而轻的物体下落速度慢。物体下落，是重力和空气阻力共同作用的结果。

　　但，对于鱼而言，这个假设是不成立的。水的阻力是如此之大，在不了解重力这个简单假设之前，一个鱼类的物理学家完全有可能形成一套更为复杂的运动学和力学的描述机制。当然会有聪明的人类跳出鱼世界的假设看到，其实这个鱼类做出来的动力学理论，可以有更简单的描述，即重力和阻力的组合。

这不是用拟人化的手法来描述高深的科学知识。其实，这件事情早已发生过。在我们怎么也搞不清楚以太是什么东西和测不出来光速变化时，洛伦兹费了很大的力，推出了洛伦兹变换来解释为什么光速是不变的。关于洛伦兹时空关系的公式的可靠性，连它的发明人洛伦兹自己都不太确信。而当爱因斯坦直觉上觉得速度是可以以光速为上限的性质时，事情就简单了很多。

回到鱼的问题上来，我一贯对饲养宠物抱有一定的敌意。我觉得自然的动物就应该让它们生活在自然里，我们为了弥补人类内心的缺失，养了诸多动物。但这些动物的生命凭空造了出来，挤压了其他动物的生存空间。牛津大学自然史博物馆的镇馆之宝渡渡鸟，就是这样的例子。17 世纪欧洲殖民者把猫、狗、猪等动物带到了毛里求斯的岛屿上，在这之前，岛上的渡渡鸟没有天敌。英国探险家把渡渡鸟带回英国展览的时候，岛上渡渡鸟还有很多。几十年之后，猫、狗、猪等动物在岛上大量繁殖，偷鸟蛋，捕食幼鸟，渡渡鸟便成了在人类干涉下第一个灭绝的物种。牛津大学自然史博物馆保存了渡渡鸟最后一个完整的填充标本。从这个意义上讲，猫和狗作为宠物缓解了人类的孤独，从而获得了该群体在地球上的竞争优势。那么，谁是谁的宠物呢？

问题并不存在一定正确的这样或那样，而事实上哥德尔不完备定理说明，我们没法描述一定正确的真理本身，这样就需要我们界定讨论的前提条件，所有论述都只能在特定的前提下才有意义。所以人类的辩论活动变成一种实用性的技巧，它更应该被看作成一种怡情，而不能被看作是对真理的维护。有些问题，我们明知道它们是对的，而且我们可以一一验证，但我们可能在这个框架内都无法证明它在理性上是对的。

　　科学的事情，一个人常常只能做一小点。我的博士论文做的是量子气体在重力下的混沌动力学现象，这些东西常常让非此专业的人觉得每一个字都看得懂，但放到一起就不明白是什么意思了。其实不仅不做物理的人如此，做物理的不做这一方向的人也有这种感觉。但我们有一种超然的概括能力，把这些不懂的东西概括成一个黑盒子般的词汇，只要说得出来，就意味着似乎懂了。如果说真理给我们描述了一个可能普适的样子，哥德尔不完备定理告诉我们真理的正确是有明确的前提的，把这些前提也当作正确的话，就需要更多的前提来说明这些前提在什么情况下是正确的。我们已经意识到，寻求真理这件事，恐怕没完。我们退而求其次，去寻求相对靠谱的方法。牛顿之后的三百多年下来，我们成就了如今观察世界的一系列方法，此方法被称为科学。科学的出现和存在，并不是要替换掉在地球上存在过的亿万人的思想，它只是谦卑地说，依照现有的证据，科学怎么看。而它的谦卑往往是有效的，即使我们很快意识到这有效的局限性，这并不影响我们用它来了解和认识我们周遭的世界和我们自身。毕竟，科学是我们已知的方法中，最可靠和最开放的。科学是基本的方法，但它从未代表过绝对正确的真理。因为目前看来，只有通过这个渠道我们才能认识到比较靠谱的世界，获得比较靠谱的知识。我们所惯有的科学教育让人太早丧失了对科学本身的兴趣，一旦不用把它当作升学的敲门砖，很多人就迫不及待地将它丢回给老师。成年之后这些人会跟搞科学的人说，物理、化学和数学那些东西太难了，他们学不懂。这么说，并不算是一种谦虚而是体现了另外一种傲慢。

虽然有时我们也发现"科学方法"多少会有些问题，比如哥德尔不完备定理所指出来的。好在"科学"并不限制自己的研究范畴，也不宣称自己就是绝对真理，它本身在挑战着绝对真理的存在。我跟搞艺术的朋友说，建起来的时候就想着推翻，而事实上就是推翻了，推翻了再重建，心里惦记着还是要推翻它，科学家所做的才是行为艺术呢！这又像极了佛教密宗的一种修行方法。喇嘛用彩色细沙在地上做沙画的唐卡，往往会花几个星期甚至更长的时间，在即将画好的最后一刻把整幅画毁掉，重新再来。这沙画的唐卡被称为坛城，用来启示世事无常。

人与自然的关系，人与人的关系，人与自己的内心世界的关系构成了人对宗教信仰和科学探索的核心。我是谁？我从哪里来？我来做什么？总有人喜欢因此谈论哲学，觉得这样显得比较有学问。人类的古代文明往往通过思辨成为某种成系统的知识体系。这些东西从各自的角度说起来往往都有些道理，但谁也说服不了谁。以至于老子出来做裁判，"道可道，非常道"，也就是说你们那些能够说得清的东西，都不是永恒的东西，都是末流的知识。然而老子所向往的非末流的东西却导致了我们始终没法积累相对可靠的知识，人类对世界的探索徘徊在离起点不远的地方，没办法积累成可以不断拓展的知识。由于对信息掌握的不完善，人们常常认为会有一个超越普通人类的绝对真理存在，它可以是一套真理，也可以具象成某个形象，譬如基督或者佛陀，甚至可以不说它到底是什么形象，但它应该是存在的。

　　直到文艺复兴时，以牛顿为代表的前后几个世纪的学者建立了一套成体系的对思想进行检验的技术，"实践是检验真理的唯一标准"，对人类已经认识到的知识的整理和未知知识的推演，与依赖这一体系所提供的检验手段所得到的结果的吻合，为这一体系的可靠和有用做了完整的背书。继而，人类的思考可以系统地审视和积累，又可以在这些相对可靠的基础上继续延伸，有史可循的人类的一万四千年的积累在这最后的三百年开始了爆发式的增长。文明不行的时候我们都拿文化凑，各国的古代文化，都输给了这一现代方法。这个时代留给人类知识体系的影响是，我们相信人类生活的宇宙是一个精确的可计算的客观系统，人类可以通过掌握工具来预言它，并获得可观的知识。基于这些知识我们可以进一步认知更多的知识，至于这套知识是局外的超自然力所安排的还是本来如此，我们可以把它称作 Nature（自然）或者上帝。无论如何，这套检验思想结果的方法，我们认为它非常可靠和有用。也借此建立了很多不同的学科门类，并且都获得了可靠的进展。哲学在这个时代达到了它历史的最高峰。

古希腊时期的自然派哲学家被认为是西方最早的哲学家。不管他们认识世界的方式是否正确，他们的想法有别于神秘论的原因在于：这些哲学家以理性辅佐证据的方式归纳出自然界的道理。苏格拉底、柏拉图与亚里士多德奠定了哲学的讨论范畴，他们提出了有关形而上学，知识论与伦理学的问题。形而上学，归纳为元知识，即用来描述知识的知识，或者说用来了解具体知识的方法。科学本身是这种元知识，它提供了有效的手段，让我们在现象和引起这些现象的原因之间找到确凿的证据。

当然它依旧可以演绎为对是否存在独立于人的世界的认知，而在这本书的讨论范畴里我们认为，世界本来就不能独立于人的认知而存在，对于我们不能够认知的，我们不去讨论它，子不语怪力乱神。而知识论，在于我们怎样获得可以比较信赖的新知识，这一点，我们无法独立地去认知。我们必须有相对可靠的工具，人们就会利用这些工具来衡量我们所面对的世界，从中得到相对稳定的、能够解释旧现象而带来新认知的理论体系。这样的知识必须立足于实践，它是我们头脑中产生的方法论、形而上学、逻辑或者数学在真实世界中的反馈，需要与真实世界相印证，才能获得。

经过这样的拆解之后，这本书里我们只讨论认识知识的工具，由逻辑到数学，再到自然知识本身的案例：物理学。而恰恰哲学本身并没有跟上这两个领域所代表的科学界 20 世纪以来的发展。哲学最近一百年对科学最大的贡献是没有贡献，用一句话来概括，哲学家之于科学家，如同鸟类学家之于鸟类。在牛顿的时代自然哲学被物理学完全继承下来。它之上延伸出来其他学科，发展了各式各样的分科治学，物理的、化学的、生物的、工程的、社会学的、心理学的等诸多科学门类。这样划分的好处是把我们日常见到的自然的、社会的和我们自己的问题抽象化了。

当我们划分知识领域的时候，我们也给自己砌了一道墙，那些圈来的领地也成了自己的牢笼。我们所说的分科治学就问题本身而言并不是自然的存在，自然界的问题一定是多学科贯穿的。我们为了简化模型，至少让我们手头掌握的可以适用的工具有着手之处，就要先把复杂的事情简单化，抛去次要因素，但往往这些次要因素并不是没有什么重要影响的。但如果都要考虑进来，我们手头的工具可能远远不够。不管怎么说这是个起点，正如务实主义所主张的，我们无法做好所有的规划和掌握所有的工具才能动手研究，我们只能凑合。这种凑合给了我们继续下去的阶梯，这种积累只要是定向的、稳妥的，加上时间的作用而累积下来，速度并不算慢。

虽然我们现在主张跨界思维、协同创新，但其实是我们自己把本来一体的知识分割开来，从而限制了我们本来应该具有的想象力。

这样说绝不是要剥夺我们已经有的工具，而是提醒我们要首先学会掌握并且尊重这个工具，只有这样，我们才能学习和研究当下相对可靠的知识，从而拓展我们的认知领域。我们也要时时提醒自己，这些工具也会是我们认识问题的枷锁，它会限制我们的想象力，好在有哥德尔告诉我们已知系统的不完备，永远要跳出现有系统才能找到新的线索来弥补这些不完备，而这种事情是做不完的。

之所以费了很长的篇幅去了解和探讨哥德尔，是因为他对于我们今天的知识体系的构架而言有重要的意义。我们人类的认知到今天大概经历了三个阶段，当然这不是终点，对真理的追寻永远没有终点。第一阶段是人类长期缺乏确定性的知识评判手段，每一种猜想都是等效的，但每一个猜想都会把我们带到完全不同的方向，这个阶段被称作古典神秘论阶段。第二个阶段从伽利略和牛顿开始，人们建立了经典的知识体系，这个知识体系的建立是以建立对终极真理的信仰而存在的。事实上这也是一种神秘论，不过是科学化的神秘论。当科学把自己当作真理的一部分的时候，科学也被神秘论化了，从而成为我们所说的"科学教"。虽然还是有科学真理的信仰，但同期成长起来的科学方法，让人们逐渐认识到科学不过是一套稳健、靠谱地找到相对真理的方法，至于它要得出的结论，未必是那样的真理。1900年后，量子力学、哥德尔不完备定理以及没有什么口号和纲领的杜威式的务实主义代表了一个新的阶段的开始。我们还用"科学"这个词来统称它，它与古典科学虽然事实上有本质的差别，但也一脉相承。从体系上来讲，它不再承认普适真理的存在。任何结论，都是在一定的条件下才成立的，而这条件也绝不是唯一的、不变的，即我们不再有放之四海而皆准的绝对真理，自然也不再有人可以代表这种真理。一脉相承是因为即使这样的结论也是我们依靠相对务实、靠谱的方法得到的，就目前而言，我们认为它更关注方法，而不关注结论。利用实证，我们说这样的方法所得出的结论至少没有矛盾，因为这个方法本身是排斥矛盾的，也能经得起检验，因为它是开放给各种人和各种方法来做检验的。而没有人站出来扮演权威说这样的结论有正义的豁免权。这是多么开放和平等的研究方法，它天然地跟自由在一起。

即使我们最终理解了理性的不完备，这也不是终极的知识阶段。我们知道今天人类所拥有的工具仍然不能解释我们感受到的世界。我们对人类的意识，尤其是自由意识完全不了解，我们甚至没有十分的信心来判断自由意识是不是真实存在。我们始终具有跳出现有框架而获得新知识的能力，而这种能力从哪里来？我们怎样去描述这种能力？我们不能说自己没有掌握这种能力，它依然是我们身体的一部分。

我这样长篇累牍地介绍哥德尔的思想，是希望读者了解，这世上并没有绝对真理。事实上我所说的绝对真理，它自己无法用语言来描述也无法证明自己真理性。这并不代表不存在有限的理性，而我们恐怕已经找到了靠谱的方法，并由此不断地深入我们的认知，所谓科学精神和科学方法不过如此。科学不代表理性，也不代表真理和正义。它代表了一种知耻近乎勇的理想精神，但这一点又是极难做到的。人会很自然地把自己的行为、选择和认知正义化，按照自己的经历来诠释其合理性，所以面对一个相对客观和无情的选择时会比较无奈、沮丧甚至怒目而视。但它就这样，也正是哥德尔不完备定理的存在，让我们认识到务实主义策略的重要性，它大概就是源于这样的原因。我们不再追求放之四海而皆准的普遍真理，而是追求一时一地能够适用的解决方案。这不是认知的退化，反而是认知的进步，我们不再把古圣先贤当作真理的拥有者，而把他们的认识当作我们今天认识世界的基石。

20 世纪在中国还在启蒙化运动中的时候，科学界和思想界发生了几个重大的变化。首先是数学界和物理学界，物理学界曾经以为的经典物理已经完成的事情被量子力学重新构建了，而数学界认为可以做终极数学的事情被哥德尔否定了，这两件事情可能都告诉我们人类理性认识的能力和边界。事实上这否定了绝对真理的存在，而我们人类又还没有找到感性的物理或者数学的工具来代替理性工具，这是我们目前的结论，似乎也只能这样了，这是一个极其务实主义的解决方案，不去追求极致的、绝对的真理，而是认识一点算一点，一寸有一寸的欢喜，有一分证据说一分话。我们寻求的终极解决方案或者真理，不应被看成永恒完美的，而应被看作我们继续去认识世界的工具或阶梯，我们在利用这些工具去开拓未知时也要时刻提醒自己，这些工具也会成为我们规划自己行为和认识能力的枷锁，工具还是枷锁，是个叠加态。

哥德尔不完备定理事实上解释了我们认识中包括直觉的那部分，这是真实的感受，至少告诉我们为什么我们的感性认知一直在起作用，而且不能从认知中被排除出去，甚至因此它的存在才更重要。一旦不再为理性和感性而感到困扰，我们便可以用平和的心态来看待科学的发展和进步了。一旦了解到它的秉性，我们就不再畏惧科学的日新月异，而能够以快乐的、探索的、求知的、不受束缚的自由之心去用科学的眼光来了解世界，了解人类，了解我们自己。从哥德尔不完备定理得出的心智的非机械本性应当将我们的思想引向如量子力学所暗示的那种非机械的物理定律。经论证不能被机械把握的数学直觉思维仍然是一个物理系统，因此我们应当寄望于发展出一种非机械的、激进的新科学——在这里量子力学之谜也许将引导我们——以此来容纳心智的非逻辑之处。

哥德尔似乎在暗示，从他的定理中得出的是，只要我们对真理的领悟不是幻想，只要我们真的拥有我们认为自己具有的直觉，我们就不是机器。如果我们确实真的具有直觉，就不可能形式化我们所有的关于真理的直觉。当然，不可能证明我们知道我们认为我们知道的一切，因为我们不可能形式化我们知道的一切。然而，这正是哥德尔不完备定理所要求的。这暗示着我们也不能严格证明我们不是机器。哥德尔不完备定理通过表明形式化的局限，既暗示了我们的心智超越了机器，也使得证明我们的心智超越机器成为不可能。

安东尼·伯吉斯（Anthony Burgess）在评论长篇小说《1984》的时候说，多一个人读《1984》，就多一个自由的人。我希望我的读者在读这本书和它的姊妹篇《量子大唠嗑》时会意识到这个世界上本来就没有绝对真理，因此也没有掌握了绝对真理的权威。在使用科学方法的前提下，即，程序正义，每一个人都有独立追求科学结论的权利，都有对未知进行探索并能够得到有效结论的权利。从这个意义上讲，大家不用拘泥于古人中的先贤、今人中的伟人、众人中的权威，而是自己去观察和思考，推理和验证，不必为了某一特定结论的证明而找证据甚至修改证据。

为什么这么说，其实这本书不完全在说哥德尔。在写这本书的时候，我确实也想明白了很多问题，或者说至少对很多问题想得更深了。因为我虽然曾经很认真地在物理学领域里深耕，但绝不排斥对别的学问的兴趣。以铜为镜，可以正衣冠；以古为镜，可以知兴替；以人为镜，可以知得失。与人交往可以看到的是更好的自己。写书也一样，在形成文字的过程中，看到的是自己的思想。文字的行走和自然世界的规律是类似的，事物都在彼此中成就，没有永恒，只有生长。写书的另外一个冲动，是我觉得该给比自己年轻的孩子们写点东西。因为我自己曾经经历了辛苦，走过了很多地方，身心的也好，智力的也好，我觉得这些经验值得早一点跟年轻人分享，便把自己即使不太成熟的思想也说出来了。

哥德尔不完备定理说明，我们没法建立一个绝对的或静止的真理系统。因此要维护某种绝对正确的事情，而不容他人的匡正，从逻辑上是行不通的。我们不得不选择一项务实主义的策略，在摸索中前行，随时准备调整。这种调整，一是随着时代的延续，对手也不再是当年的对手，对手们都在变化；二是执政者的成熟与开放，或者说是没落；还有就是在野的胡适们和李敖们的成熟和"人书俱老"，老而知道翻天覆地变革的不可靠。但这不等于人不会有办法，英雄忒修斯的船上每一根木头都被换成了新的，忒修斯之船也还是它自己。务实主义者最不喜欢革命，最不喜欢造新船。打翻了重来，未必新的就比旧的好，但造新船劳民伤财和生灵涂炭是一定的。这，被历史一次又一次地证明过了。

后 记

从杜伦（Durham）起程回牛津的火车上我写了最后这一部分。火车从英国乡间的绿地和农田中穿过，偶尔还能看到一栋一栋的小房子。能在牛津写完这本书的最后一部分对我有特殊的意义，这就像一个重大工程最后的仪式感。这本书我一拖再拖，每一次要收尾的时候就发现还有很多很多要写的东西，所以始终不能完稿，但哥德尔说了这件事也许本身就不能完成，他开拓了一门学问。我还是不敢让我的博士生轻易地开展这方面的研究，按照现有的科研体系他们如果跟我来做这"奇门遁甲"，毕业就成了实质的困难。很久以前，读书可以很久，甚至不毕业，但现在这学位生产工业化了，知识生产也工业化了，何必与人为难又与己为难呢？做一些实用的东西总是好的。这不是贬低实用的用处，实用主义或者务实主义虽然与浪漫一点也不沾边，但对做事情总是有好处的。我们既然找不到放之四海而皆准的工具，就有什么用什么，用极其务实的手段完成一段算一段。人生没有白走的路，每一步都算数，人生如此，科学的探索也如此。每当我们的工具进步了，我们总希望回头去审视以前的认知有哪些可以深入和再诠释的地方。我们生活在一个不完美的世界里，这也许是这个世界完美的体现。

在物理学界，我们曾经追求这样那样的大统一，但也许不统一或者有点缺憾就是世界本来的样子，谁说它一定要按照我们想象的样子来构建呢？这本书自然不是去说爱因斯坦的局限，或者量子力学的有待理解，而是对那一代人的致敬，是他们让我们有勇气继续前行。这些人类历史中的精英分子给了我们面对未来的信心。

我好想说几句宗教式的话来显得这本书多少有些神秘感。但它够难了，理解它会耗费很多精力，书中提到的每一个方向都可以作为一篇博士论文来做，可能一篇还远远不够。很多时候假想容易，但确凿有据的证明是困难的。

这本书写到结尾，我看了电影《波希米亚狂想曲》。作为一个对音乐一窍不通更不太了解皇后乐队的人，我竟然莫名地热泪盈眶，这之后很长时间里，每次坐飞机我都要重温一遍这部电影。对机器了解越多，我对"人"就越发敬畏。在人类波澜壮阔的历史中，我们今天的努力还是微不足道的。尤其是相对于未来人而言，我们今天所认识和掌握的东西，很多会成为他们不经意地默认的知识。而他们所认识和掌握的工具，是我们今天难以想象的。不管怎样，我看到人们陶醉在"人"本身的创作中，在台北夜市的烟火气中，在优胜美地密林深处篝火旁的乡间乐队的歌声中，便会为人类而感动。在我最喜欢的一部电影《阿甘正传》中，当一位军官问阿甘："孩子，你想过你未来会成为谁吗？"阿甘回答说："难道，未来的我不是我自己吗？"